GEHEIMTECHNOLOGIEN

VON NANOMASCHINEN ÜBER QUANTENCOMPUTER, BIS ZUR INTERSTELLAREN RAUMFAHRT VON MORGEN

VON DR. CARLOS CALVET

Vorbehaltserklärung

Dieses Buch vermittelt die Ideen des Autors. Es wurde minuziös aufgearbeitet. Alle Daten stammen aus öffentlich zugänglichen Quellen. Sollte der Leser dennoch Unstimmigkeiten finden, so bitten wir, dies dem Autor mitzuteilen. Sie würden in folgenden Auflagen beseitigt.

Schadensersatzforderungen oder Forderungen anderer Art oder Klagen bezüglich des Inhalts dieses Buches sind unzulässig. Der Anwender, der in diesem Buch gegebenen Informationen, ist für seine Anwendungen selber verantwortlich – zumal es sich dabei um die Handhabung gewaltiger Energien handeln kann.

Ich behalte mir weiterhin vor, den Inhalt dieses Buches jeweils an die aktuellen wissenschaftlichen, philosophischen und technischen Gegebenheiten anzupassen.

Dessen ungeachtet hoffe ich, dass Ihnen die Lektüre dieses neuartigen Buches Spaß macht, und dass Sie es lange in Erinnerung behalten werden.

Autorenkontakt: Dr. Carlos Calvet – E-Mail: hyperspace@teleline.es

Homepage: www.terra.es/personal2/hyperspace/home.htm

© **1. Auflage, Copyright 2001 by Bohmeier Verlag, Germany-23564 Lübeck, Hüxtertorallee 37, Tel.: +49 (0) 451-74993 – Fax: +49 (0) 451-74996, Internet-Homepage:** www.magick-pur.de

© **Covergestaltung von Joe A. Davis**

Gesamtherstellung: Bohmeier Verlag, Printed in Germany

ISBN 3-89094-330-6

GEHEIMTECHNOLOGIEN

Von Nanomaschinen über Quantencomputer, bis zur interstellaren Raumfahrt von morgen

von Dr. Carlos Calvet

Dieses Buch ist meiner kleinen Tochter Christina gewidmet.

Inhaltsverzeichnis

Vorwort 7

Einleitung: Geheimnisse der Geschichte 9

    1. Die Zukunft des Internets 22

    2. Nanotechnologie 29

    3. Quantenmaschinen 39

    4. Smarte Materialien 54

    5. Interstellare Raumfahrt 65

    6. Kalte Fusion? 79

    7. Wetterkontrolle 86

Epilog 94

Vorwort

Der Begriff „geheim" bedeutet im wesentlichen so viel, wie „dem breiten Publikum unbekannt". Denn im Prinzip kann man nicht rigoros über Geheimnisse berichten, da sie dann ja keine Geheimnisse mehr wären. Auch die Tatsache, dass ein Autor Geheimnisse kennt, würde die Existenz eines Geheimnisses als solches ausschließen. Geheime Projekte, wie sie in diesem Buch geschildert werden, sind daher gewissen Menschen bekannt. Nämlich zumindest jenen Menschen, die an diesen Projekten arbeiten. Außerdem gibt es bei jedem „geheimen" Unternehmen immer wieder so genannte „Lecks", durch die Informationen nach außen sickern. Selbst in der Zeit des „Kalten Krieges" zwischen der ehemaligen UdSSR und der Westlichen Welt gab es immer wieder fabelhafte Enthüllungen über Technologien der anderen Seite. Und nun, nach Beendigung des Kalten Krieges, gibt es ferner keinen Grund mehr, Wissen über Technologien zurückzuhalten.

Dessen ungeachtet gibt es jedoch in den populären Veröffentlichungen viele Hinweise über „geheime" Forschungen, die in abgelegenen Labors mitten in der Wüste oder gar an den Polen durchgeführt werden. Es sollen sich u.a. UFOs in Hangars im sogenannten „Area 51" oder gar außerirdische, lebensfähige Kreaturen wie Würmer oder sogar ganze Aliens in unterirdischen Kammern am Südpol befinden. Darüber hinaus gibt es noch etliche Erzählungen über UFOs in den Tiefen der Weltmeere oder gar ganzer Städte Außerirdischer in den tiefen Schluchten der Ozeane.

Natürlich wird das alles von den Politikern bestreitet. Aber parallel dazu gibt es tatsächlich geheime Investitionen, von denen wir im Prinzip nichts erfahren (wie einst bei der Gründung der CIA). Nur Jahre nach diesen Investitionen, wenn alles scheinbar schon „vorbei" ist, entdeckt irgend ein Journalist, dass Gelder geflossen sind, dessen Bestimmung unbekannt war. Und mit diesen Geldern (z. B. Überschüsse aus Parties, Festen, Reisen, etc.), finanziert man insgeheim Projekte, die der öffentlichen Wissenschaft im Prinzip immer ca. 20 Jahre voraus sind.

Dass es diese „geheime Welt" gibt - darüber gibt es keinen Zweifel. Man denke nur an die letztlich veröffentlichten Bücher und Fernsehsendungen über die Tricks bekannter Magier. Die „Enthüller" der magischen Geheimnisse mussten sich mit Masken schützen, um von den Magiern nicht erkannt zu werden. Denn sonst wären sie vermutlich ein Leben lang verfolgt worden.

Und trotz so vieler Geheimnisse gelingt es immer wieder verschiedenen Autoren geheime Information zu ergattern. Diese wird dann u. a. an Filmemacher weitergeleitet, und so entstehen die Hintergrundideen zu Filmen und Serien wie „Star Treck" (z. B.: das „Holodeck"), „Stargate" (z. B.: das „Dimensionstor"), usw.

In diesem Buch wird der Begriff „geheime Technologien" außerdem noch in einer weiteren Dimension verwendet, nämlich in der, von Technologien bzw. Projekten, die noch nicht populär geworden sind bzw. die so kompliziert oder unverständlich sind, dass sie die Mehrheit der Menschen gar nicht recht verstehen mag. Der Sinn dieses Buches – abgesehen vom reinen Unterhaltungswert – ist es also, jene Sichtweisen futuristischer Technologien publik zu machen, die einer breiten Öffentlichkeit ansonsten verborgen bleiben würden. Es handelt sich dabei um das Aufgreifen verschiedener Technologien, die in einer nicht allzu fernen Zukunft (man schätzt diese im allgemeinen auf das Jahr 2025) bereits populär sein sollen, weil die Grundlagen dazu eben gerade jetzt, u.a. in geheimen Labors, geschaffen werden. Dabei spielen die Kommentare, die Ihnen der Autor mit auf den Weg gibt, eine entscheidende Rolle, um zu begreifen, welch fabelhafte Möglichkeiten wir in der Zukunft offenbar haben werden. Ob wir sie zu nutzen wissen, ist natürlich eine andere Frage, die den Rahmen dieser reinen Unterhaltungs- und Informationslektüre bei weitem übertreffen würde, denn dann kämen wir in die Thematik der Philosophie, die hier im Prinzip kein Kernthema ist.

Dieses Buch ist allerdings nicht dazu gedacht, den Leserinnen und Lesern falsche Hoffnungen zu machen oder sie mit irrsinnigen Informationen zu überfluten oder gar Werbung für bestimmte Produkte zu betreiben. Nein! Der Autor verfolgt hier ein reines Informationsvorhaben, damit bekannt wird, was es in Zukunft alles womöglich geben könnte. Und darüber hinaus, welche weiteren Entwicklungen – aus der Sicht des Autors – auf dieser Grundlage noch zusätzlich möglich wären.

Einleitung: Geheimnisse der Geschichte

Der Begriff „Geheimtechnologien" ist übrigens kein leichter oder simpler Begriff. Ganz im Gegenteil: Einerseits bedeutet er Technologien, die uns weitgehend unbekannt sind. Andererseits beinhaltet er aber auch Technologien, die etwa im Verlauf der Geschichte verloren gegangen sind und die wir uns heutzutage gar nicht mehr vorstellen können.

In diesem Sinn ist es wichtig festzuhalten, dass es gar nicht wahr ist, dass die moderne Zivilisation viel mehr weiß als die Antiken, wie z. B. die Sumerer, Babylonier, Assyrer oder Ägypter. Vor den Sumerern, die in den Jahren 4000-8000 v. Chr. gelebt haben, gab es noch frühere Steinzeitmenschen, die bis zu 300 Tonnen schwere Felsen meilenweit schleppen und in bis zu 30 Metern Höhe aufstellen konnten. Mit unseren heutigen Technologien und Kränen wäre der Transport und die Hebung eines 300 Tonnen schweren Felsens eine Sache von größtem Aufwand und größter Komplexität. Und es würde Wochen, wenn nicht Monate dauern, bis der Koloss endlich in 30 Metern Höhe aufgestellt werden könnte.

Auch die Archäologie muss hier eingestehen, dass sie nicht weiß, wie derartige Arbeiten überhaupt im Prinzip verrichtet werden konnten. Zwar spekuliert man, ob Steinzeitmenschen schon Hebel und Rampen kannten, aber damit allein kann man keine Felsen auf Wunsch bewegen. Denn dazu müssten noch viele Hintergrundinformation hinzu kommen, um nicht etwa bei einem plötzlichen Absturz erschlagen zu werden.

In diesem Sinn ist zusätzlich noch festzuhalten, dass man bei Steinzeitbauten keinerlei Bauschutt oder zerbrochene Steine oder Felsen in der Nähe der Bauten gefunden hat. Ganz im Gegenteil: Praktisch alle Steinzeitbauten sind ziemlich sauber aufgefunden worden und wurden erst später zerstört, lange nachdem sie erbaut worden waren. Weder Trümmer noch zerbrochene Felsen konnte man in der Häufigkeit finden, wie sie von einer so primitiven Technologie zu erwarten wäre. Denn die transportierten und gehobenen Felsen müssten ja hier und da zerborsten sein, wenn jene primitiven Menschen praktisch keine bewundernswerten Transport- und Arbeitsmittel gekannt hatten.

Das würde aber bedeuten, dass der Aufwand für solch primitive Gebilde noch viel größer gewesen sein muss, als wir annehmen. Denn sie hätten auch alle Trümmer – viele sicher Tonnen schwer – wieder weit weg transportieren müssen, um sie nachhaltig zu entsorgen. Heiligtümer und ihre Umgebungen darf man schließlich nicht mit Tonnen schweren Trümmerteilen verunreinigen, denn sonst wären es ja keine Heiligtümer mehr, sondern nur noch Deponien. Und spätere Siedler konnten, wie man gesehen hat, eventuell liegen gebliebene Felsbrocken auch nicht mehr wegtransportieren. Sie wurden eher ignoriert oder im Laufe der Zeit einfach in die Umgebung integriert.

Es gibt noch viel eindrucksvollere steinzeitliche Bauten als die weltbekannten Menhyre, Dolmen und Tafeln. Hierbei handelt es sich um wahrhaftige „Kirchen" oder Anlagen, die mit primitiven, vermutlich steinernen Mitteln (Äxte, Hammer, usw.) in den Fels geschlagen wurden. Bei manchen dieser unterirdischen Anlagen müssen viele Menschen viele Jahre lang ununterbrochen daran gearbeitet haben – aus welchem Grund und mit welcher Überzeugung auch immer. Und das ist noch nicht alles: Es gibt sogar unterirdische Anlagen mit vielen verschiedenen Kammern und Räumen, die untereinander perfekt verbunden sind, so als ob schon damals die Arbeiter mit Wasserwaage und ähnlichen Werkzeugen gearbeitet hätten. Zudem sind manche dieser Räume so gestaltet, dass man in einem Raum sprechen kann, und das Gesprochene in einem anderen Raum, wie von Geisterhand, aus den Wänden oder aus der Umgebung, widerhallt.

Es ist aber nicht nur der Bau derartiger Monumente und Höhlenkirchen, was uns so beeindrucken sollte, sondern vielmehr die Intelligenz, die erforderlich ist, um das ganze Bauvorhaben vorherzusehen, es zu planen, mit anderen zu diskutieren und eventuell mit Gewalt, aber vor allem mit Geschick, durchzusetzen. Es bedarf mehr als nur einer wilden Horde Steinzeitmenschen, um tonnenweise Steine aus dem Fels zu schlagen und letztendlich eine unterirdische Kirche – oder was es auch immer sein mag – zu bauen, die über eine Akustik verfügt, die sich sogar mit der, der Sixtinischen Kapelle im Vatikan messen kann.

Die älteste Stadt der Welt ist, den derzeitig bekannten Ausgrabungen nach zu urteilen, Jericho, am Rande von späteren Siedlungsgebieten am Euphrat und Tigris im damaligen Mesopotamien. Wir schreiben das Jahr 8000 v.Chr. Zuvor, soll es nur Jäger und Sammler gegeben haben. Und nach und nach entsteht also diese erste monumentale Stadt aus Lehm und Stein. Vor Jericho gab es den Ausgrabungen nach zu urteilen lediglich umherschweifende Menschengruppen, die Hütten aus Astwerk, Schilf und einfachem Lehm bauten, und deren größtes Bauwerk ein Dorf im Jordangebiet war, um das man herum hohe Mauern gezogen hatte.

Aber ist Jericho wirklich die aller erste Stadt gewesen, die zugleich riesengroß für damalige Verhältnisse gewesen war? Und musste vor der Entstehung Jerichos nicht die Stadt geplant und erdacht werden? Und auf welchem Papier bzw. Papyrus wurden all die erforderlichen Daten aufgezeichnet? Etwa mit Entenfedern? Damals gab es aber noch gar keine Tinte und man schrieb alles vermutlich auf einfachen Lehmplatten. Die Babylonier, die erst viel später kamen, verfügten nur über eine Keilschrift, mit der man sicherlich viel Zeit brauchte, um die Infrastrukturen einer ganzen Stadt aufzulisten. Alles wurde von ihnen nachweislich mühevoll mit einem Kerbstift in einfache Lehmplatten geritzt. Aber trotzdem kannten die Babylonier bereits hohe Mathematik und hatten zudem den sogenannten „Dreisatz" entschlüsselt. Eine wahrhaftige Meisterleistung in der Präantike.

Wahrscheinlich stellen wir uns nur vor, damalige Völker wären gänzlich hilflos, da sie ja nicht über ein modernes Alphabet und Zahlen verfügten. Aber wenn wir das heutige Beispiel von Japan nehmen, entdecken wir eine ähnliche Situation: Ein

Land, mit einer außerordentlich komplizierten Schrift (es gibt in Japan zumindest drei verschiedene Schriftarten, die alle zusammen für die Entschlüsselung eines einzigen Textes von größter Bedeutung sind), das aber offenbar keine Probleme mit der Technologie hat. War es in Babylonien, Sumer oder gar in der Steinzeit ähnlich? Machen wir uns nur etwas vor, wenn wir glauben, frühere Zivilisationen wären „primitiv" gewesen weil ihre Schrift nicht mit der unseren vergleichbar simpel gewesen ist? Es scheint offenbar so zu sein!

Circa 6500 Jahre nach Jericho wurde die Cheops-Pyramide bei Gizeh in Alt-Ägypten gebaut. In dieser langen Zeit konnte sich sicherlich die Architektur weitgehend entwickeln. Aber es handelt sich hierbei um ein so kolossales und komplexes Gebilde, dass sogar berechtigte Zweifel daran bestehen, inwiefern die Perfektion der Pyramide bereits auf Papyrus erfasst werden konnte. Die Pyramide ist nämlich nicht aus einem einzigen Klotz, sondern besteht u.a. aus vielen Hohlräumen und Gängen, die alle bisher keinerlei nennenswerte Baufehler oder Unebenheiten aufgewiesen haben. Es wurden u.a. kleine Roboter durch minimale Gänge in die Pyramide geschleust, um festzustellen, was sich noch alles in ihr verbirgt. Und keiner der vielen engen und kurvenreichen Gänge ist etwa durch Baufehler oder Einstürze versperrt gewesen. Ganz im Gegenteil: Man hat bei der Analyse der durch Roboter gewonnenen Aufnahmen den Eindruck erhalten, die Steine wären mit meisterhafter Präzision geschnitten und platziert worden, so als ob alle möglichen zukünftigen Ausrutscher, Erdbeben und ähnliche Katastrophen bereits bei der Planung vorhergesehen und berücksichtigt worden waren. Und zwar wahrhaftig für fast alle Ewigkeit.

Und auch in der Neuzeit, mitten im Herzen der anerkannten Wissenschaft, gibt es immer wieder „geheime" Operationen, die in der Öffentlichkeit weitgehend unbemerkt bleiben. Nehmen wir einmal das Beispiel Albert Einsteins, dem wohl berühmtesten aller Wissenschaftler überhaupt. Seine Werke sind millionenfach durchleuchtet und analysiert worden, genauso wie sein Leben. Und dennoch gibt es verschiedene historische Tatsachen bei Einstein, die man sich so leicht nicht erklären kann.

Einstein versuchte nämlich vergeblich eine Stelle als wissenschaftlicher Gehilfe in irgendeiner beliebigen europäischen Universität zu bekommen. Er schrieb viele Briefe an leitende Physiker, von Italien bis nach Schweden, erhielt aber von ihnen nicht einmal eine Antwort. Verzweifelt und in Geldnot nahm er letztendlich einen Posten als Patentbüroangestellter in Bern an, wo er auch Zeit hatte, seine physikalischen Ideen weiter zu entwickeln. Es ist ferner unbekannt, wieso er sie überhaupt hatte und wieso er sie im Patentbüro weiterführte, obwohl er nicht an Universitäten akzeptiert worden war. Er hatte also offensichtlich das Leitmotiv seine Ideen zu verfolgen – egal, was um ihm herum geschah. Behalten wir dies einmal im Auge.

Und plötzlich, wie aus dem Nichts, startet er eine Reihe von wichtigen physikalischen Artikeln, in denen er zwischen 1904 und 1905 u.a. die Beziehung zwischen Energie und Frequenz von Lichtquanten, die Brown'sche Bewegung anhand der kinetischen Theorie und die Äquivalenz zwischen Masse und Energie erklärt, sowie die Lichtquantentheorie für den Photoelektrischen Effekt und die Spezielle Relativitätstheorie entwickelt. Es stellt sich uns nun die fundierte Frage: Kann ein einzelner Mann all dies in seiner Freizeit in einem Patentbüro entwickeln - selbst wenn wir annehmen, er sei ein Genie? Ist das nicht zu viel des guten? Wo kam all diese äußerst brisante Information her? Wie kann sich ein Mann ohne technische Ausrüstung, nur bekleidet mit seinen sogenannten Gedankenexperimenten, überhaupt die Natur des Lichtes vorstellen ohne je ein wirkliches Experiment gemacht zu haben. Denn eins ist sicher: Einstein war ein reiner Theoretiker. Er hatte darüber hinaus anfänglich keinen Zugang zu Physiklabors, wo man ihn in der Thematik hätte einweihen können.

Das zweite Wunder dabei ist außerdem, wie anerkannte physikalische Zeitschriften, an die er sein Werk schickte, überhaupt Arbeiten eines anfänglich noch völlig unerfahrenen, unbekannten und von allen Physikern Europas abgewiesenen Wissenschaftler annehmen konnte, der nicht einmal einen zweitrangigen Platz an einer noch so unbedeutenden Universität innehatte. Jeder Hobbywissenschaftler, der einmal versucht hat, einen Artikel in einer weltweit anerkannten seriösen Zeitschrift der Physik oder anderer ernsthafter Wissenschaftsbereiche zu veröffentlichen, weiß sicherlich, dass das praktisch *unmöglich* ist. Zum einen ist man nicht anerkannt, wird auch von keinem anerkannten Wissenschaftler gefördert oder gestützt, und zum anderen – wen interessieren schon die Ideen eines unbekannten Physikers bzw. Mathematikers, die der Erfahrung nach ja sowieso fast immer nur „sinnloses Zeug" sind? Denn vor seinem Erfolg muss Einstein ja gerade das gewesen sein: Unbekannt und abgewiesen. So scheint es jedenfalls allen Berichten nach wahrhaftig gewesen zu sein. Und dennoch startet er einen absoluten Siegeszug aus dem Nichts heraus. Und das ist statistisch gesehen einfach unmöglich!

Nachdem die Spezielle Relativitätstheorie nun einmal veröffentlicht war (aus welchen Gründen auch immer), überwand er noch eine Hürde, die für die meisten Sterblichen von uns ebenfalls schier unmöglich zu überwinden ist. Die Spezielle Relativitätstheorie wurde nämlich von der wissenschaftlichen Lobby, ja sogar vom „harten Kern" als wahr anerkannt, bevor sie überhaupt in einer angemessenen Weise bestätigt werden konnte. Das geschah nämlich erst ein paar Jahre nach ihrer Veröffentlichung, als ein Team britischer Wissenschaftler auf der südlichen Halbkugel bei einer Sonnenfinsternis die Zeit maß, die das Licht eines bestimmten Sterns brauchte, um hinter der verfinsterten Sonnenscheibe wieder aufzutauchen. Das Licht kam wahrhaftig Sekunden später wieder hervor als von der gewöhnlichen Newton'schen Lehre erwartet. Und das war dann für alle der „Beweis" der Richtigkeit der Speziellen Relativitätstheorie, die vorsieht, dass die Lichtgeschwindigkeit ein maximaler Wert ist, der von keinem Teilchen übertroffen werden kann - auch nicht „aus Versehen". (Wie es jedoch auch anders gehen kann, erfahren Sie in meinem ersten Buch „Raumfahrzeuge der Zukunft" in diesem Verlag).

Zwar gab es einige schwache Versuche, die Ergebnisse verschiedener Experimente mit der Lichtgeschwindigkeit auch anders zu erklären (und diese Erklärungen waren wahrhaftig z.T. genial). Aber es war alles umsonst, so als ob sich der berühmte Satz

12

durchsetzen würde, „Widerstand ist zwecklos". Niemand wagte sich der Relativitätstheorie zu widersetzen – so, als ob sie von einer „fremden Macht" geschützt würde.

Es ist nicht leicht, sich einen unbekannten, teils bei der Suche nach einen Platz an irgend einer Universität Europas gescheiterten Menschen vorzustellen, von dem in hoch angesehenen physikalischen Zeitschriften damals noch spekulative Ideen veröffentlicht werden, die nicht einfach so hingenommen werden können, sondern zuerst überprüft und von angesehenen Physikern unterstützt werden müssen, und daher im Prinzip an einer direkten Veröffentlichung gescheitert sein müssten. Meine Recherchen auf dem Gebiet der wissenschaftlichen Veröffentlichungen haben eindeutig ergeben, dass renommierte Zeitschriften eben genau das *nicht* tun. Sie haben das absolute Prinzip, eben *keine* Artikel von unbekannten bzw. nicht etablierten Wissenschaftlern zu veröffentlichen, und verweisen entsprechende Autoren an populärwissenschaftliche Zeitschriften, die es zu Zeiten Einsteins überhaupt noch nicht im heutigen Umfang gegeben hatte.

Und wenn anerkannte Zeitschriften einen unbekannten Autor veröffentlichen, dann auch nur, wenn er ausschließlich über klassische Auffassungen der Physik berichtet und seine neuartigen Ideen umfassend diskutiert und zum Schluss kommt, sie seien tatsächlich wahr und mit der anerkannten Physik vereinbar. Es ist nicht genug einfach zu behaupten es gäbe Lichtquanten oder sie hätten eine Maximalgeschwindigkeit um in erlesenen Kreisen veröffentlicht zu werden.

Nur sehr außergewöhnliche Autoren mit einer fest etablierten Laufbahn sind überhaupt in der Lage, Spekulationen veröffentlicht zu bekommen, die über die anerkannte Physik hinaus gehen. Denn diese Spekulationen können der Physik helfen, neue Horizonte zu erörtern. Nicht aber Spekulationen von unbekannten Autoren. Einstein platzte außerdem in die Kontroverse über das Vorhandensein eines Äthers hinein und behauptete einfach, man könne den Äther ganz außer Acht lassen, wenn wir annähmen, die Zeit wäre nicht absolut, sondern relativ.

Was für ein Wahnsinn! Es wird einfach die unglaubwürdige Idee eines völlig unbekannten Neuankömmlings in der Physik bevorzugt, anstatt der gar nicht mal so schlechten Idee des Äthers nachzugehen. Selbst wenn ehemalige Experimente scheinbar bewiesen, dass der Äther in der damaligen Form nicht existieren konnte, hätte man die ehemalige Idee des Äthers ja noch weiter entwickeln können. Und vielleicht hätte man sogar eine Übereinstimmung mit anderen Untersuchungen gefunden. Aber die Idee des Äthers wurde einfach verlassen, so als ob an ihr Schlechtes haften würde.

Handelt es sich hier vielleicht um geheime Über- bzw. Eingriffe einer „fremden Macht", die so gewaltig bzw. überzeugend war, dass alle Physiker es vorzogen, den neuen Ideen zu folgen? Es gibt selbst in der Geschichte der Religion keine vergleichbaren Ereignisse, wo eine Idee binnen kürzester Zeit von allen Mitgliedern einer Lobby (hier: Die ehrenwerte Gesellschaft der damaligen Physiker) ohne nennenswerte Opposition akzeptiert wurde. Man könnte sogar fast glauben, es wurde direkt in das Unterbewusstsein damaliger Menschen eingegriffen, damit sie jene neuen

Ideen widerstandslos akzeptierten. Und danach wurde eine enorme Propagandamaschine in Gang gesetzt, die Einstein zum berühmtesten aller modernen Menschen gemacht hat - und die offenbar auch noch heute funktioniert. Ja, Einstein wurde sogar in gewisser Weise patentiert und ist in Popularität sogar vergleichbar mit der unsterblichen Marylin Monroe. Es ist wahrhaftig schwer sich vorzustellen, wie ein Physiker der Popularität eines weltweiten Sexsymbols (in unserer „Männerwelt"), diesem den ersten Platz streitig machen kann. Werden wir also immer noch insgeheim manipuliert? Es scheint tatsächlich so zu sein!

Aber das ist noch nicht alles: Die Berechnungen Einsteins sind nämlich so abstrakt, dass die meisten Wissenschaftler Jahre brauchten, um ihren Sinn überhaupt zu begreifen. Das bedeutet aber, dass diese Physiker jahrelang Einsteins Ideen überprüften, ohne dass sie von ihnen überzeugt sein konnten. Denn sie waren ja noch nicht bewiesen. Wieso taten sie es also trotzdem?

Erfahrungsgemäß kann außerdem ein Artikel, der so schwer verständlich für die größten Köpfe der Physik ist, überhaupt nicht oder nur langsam prosperieren. Er würde zudem auch vielleicht im Strudel der Geschichte langsam in Vergessenheit geraten. Denn immer neuere Auffassungen der Problematik würden ältere Ideen überholen und dementsprechend auch ablösen. Waren also damalige Physiker zu „dumm" um die wahre Natur des Lichtes zu begreifen. Musste unbedingt unser „Väterchen" Einstein kommen, um uns alle zu belehren? Ich kann es einfach nicht fassen. Es ist so, als ob der Gegner uns in einem Fußballspiel 25 Tore schießt, und wir nicht einmal wissen wieso!

Einstein hat außerdem niemals behauptet, der Äther würde nicht existieren, sondern nur „dass man ihn außer Acht lassen könnte". Dazu müsse man aber seine Ideen akzeptieren (so wie ein Diktat).

Erst nach seinem großen Erfolg, als die Relativitätstheorie von der wissenschaftlichen Welt mehr oder weniger verdaut worden war, ist es manchem Experten aufgefallen, dass es nicht Einstein gewesen war, der den Äther abgeschafft hatte. Sondern es waren „andere" gewesen, die den Äther in seiner damaligen Form in Vergessenheit gerieten ließen. Und nun, nach fast einem Jahrhundert vergeblicher Suche nach dem „Heiligen Gral" der Physik (der Großen Vereinheitlichung aller vier Naturkräfte: Gravitation, Elektromagnetismus, Schwache- und Starke Kernkraft bzw. - Wechselwirkung), tritt hier und da der Äther langsam aber sicher wieder zum Vorschein. Nämlich mit dem „Horror Vacquui" (also, der furchtbaren Leere des Vakuums) als Nullpunktenergie, Nullpunktfeld oder Nullpunktstrahlung, je nach den verschiedenen Autoren. Das ist nämlich die Energie, die im absoluten Vakuum oder Quantenvakuum enthalten ist. Und diese Energie übertrifft bei weitem alle von Einstein vorhergesagten „Horrorszenarien" wie Wurmlöcher oder gar Schwarze Löcher. Denn die Energie, die das Quantenvakuum enthält, ist unvorstellbar hoch (ca. 10^{115} J $m^{-3} s^{-1}$).

Wollte man uns also von dieser oder von ähnlichen Quellen *praktisch unendlicher Energie* fernhalten? Es scheint effektiv so zu sein. Denn wenn die derzeitige Entwicklung nach dem teilweisen „Sturz" von Einsteins Prinzipien weiter geht, und in Anbetracht von ernsthaften physikalischen Möglichkeiten wie die der Überlicht-geschwindigkeit, der Teletransportation und der Nullpunktenergie, müssen wir damit rechnen, dass wir in wenigen Jahrzehnten den so genannten *Hyperraum* (ein Raum mit vielen Dimensionen) beherrschen werden. Es gibt zudem Entwicklungen, wie die Hintergrundfeldtheorie des Autors, die eine schier unendliche Geschwindigkeit, praktische Unsterblichkeit und die Kontrolle von Raum und Zeit in Aussicht stellen. Zudem dürfte auch noch ein Restkörper des vermeintlichen Urknalls im Zentrum unseres bekannten Universums existieren, das sich auch teilweise innerhalb des erwähnten Hyperraums befindet. Die Kontrolle über diesen hoch kondensierten Elementarkörper würde demnach die absolute Kontrolle über das bekannte Universum bedeuteten (siehe dazu auch mein erstes Buch: „Raumfahrzeuge der Zukunft" in diesem Verlag).

Ferner behauptet man auch, die berühmte Formel Einsteins, „$E=mc^2$", wäre für die Konstruktion der ersten Atombombe erforderlich gewesen, genauso wie die Kenntnisse über das Atom und über die Kernspaltung natürlicher Radioisotope. Aber auch das stimmt nicht ganz. Denn egal, wie viel Energie aus dem Atom kommt – Hauptsache, es ist viel und es gibt einen großen „Knall". Vor der Explosion ist es also egal, wie viel Energie man nach der Explosion freisetzen wird. Man würde es ja sowieso nach der Explosion feststellen können – auch ohne Einstein. Und vielleicht könnte man die Energie, die in der Materie steckt, noch viel glaubhafter darstellen als in bezug auf die Lichtgeschwindigkeit (c), die im Prinzip überhaupt nichts mit einer Atombombe zu tun hat, wo diese Geschwindigkeit von der detonierenden Materie überhaupt nicht erreicht wird. Warum also die Lichtgeschwindigkeit mit der Energie verknüpfen? Das wäre doch nur angebracht, wenn wir etwa die Atombombe auf Lichtgeschwindigkeit beschleunigen müssten, um sie zur Detonation zu bringen, was aber nicht der Fall ist. Hat sich da jemand einen üblen Scherz mit uns erlaubt und uns für Jahrzehnte vorsätzlich in den Glauben an die Lichtgeschwindigkeit als absolutes Limit verstrickt?

Nach vielen Überlegungen und Nachforschungen, die ich in diesem Sinne angestellt habe, ist mir der dringende Verdacht gekommen, Einsteins Erfolg könne durchaus das Produkt einer Manipulation Dritter gewesen sein. Das ergibt sich aus obigen und anderen Tatsachen, die eindeutig darauf hinweisen, dass Einstein gar nicht den Willen hatte, so erfolgreich zu sein, und dass er bzw. seine Ideen auch für Zwecke außerhalb seines eigenen Überzeugungsbereichs verwendet wurden.

Erst nachdem die Atombombe gebaut wurde, bekannte sich Einstein zu dem, was er in Wirklichkeit war: Nämlich ein Pazifist. Er war dabei so überzeugend, dass man ihm sogar die Präsidentschaft in Israel anbot, die er jedoch dankend ablehnte, da er dafür anscheinend „nicht geboren worden war". Wenn er also auf Grund seiner Formel schon im Vorfeld gewusst hatte, wie viel Energie in einer Atombombe steckt, hätte er doch schon viel früher seine Zweifel an einer solchen Bombe zum Ausdruck gebracht. Ja – klar – sie wurde gebraucht, um Hitler daran zu hindern, die Weltführung zu übernehmen. Aber andererseits, selbst in Amerika gab es ja eine kommunistische Partei! Wurde also, der weltberühmte Einstein von „obskuren Mächten" anfänglich daran gehindert, seine offenbaren Zweifel an einer derart destruktiven Atombombe zu äußern?

Einstein war ein eingefleischter, zurückhaltender und gar nicht extrovertierter Wissenschaftler. Er war eher schüchtern – das geht u.a. aus den vielen fotographischen Aufzeichnungen hervor, die uns erhalten geblieben sind – und musste sich regelrecht überwinden, immer wieder im Publikum aufzutreten. Wieso ließ er sich dann immer wieder vorführen? Hatte er keinen *eigenen Willen* mehr? Wurde er tatsächlich manipuliert? Es scheint also doch nicht unwahr zu sein. Man konnte ihn offenbar leicht manipulieren!

Man sagt auch, die große Popularität Einsteins in der breiten Öffentlichkeit war nur dem Interesse der Kommunikationsmedien zu verdanken. Wieso eigentlich? Ist das Licht eines kleinen Sterns hinter der verfinsterten Sonnenscheibe wirklich so spannend, dass die ganze Welt auf denjenigen Mann schaut, der Jahre zuvor eine wilde Theorie in diesem Sinn aufgestellt hatte? Bei der technisch hoch begabten Mondlandung von Apollo XIII, war die Spannung und das Interesse um derartige Mondflüge schon bald verflogen. Daher wurde auch das gesamte Apolloprogramm eingestellt. Es fehlte einfach das öffentliche Interesse an solch spektakulären und teuren Unternehmungen. Was hat aber Einstein damals und für alle Ewigkeit so populär gemacht?

Es gibt offensichtlich nur eine mögliche Antwort: „Jemand" oder „Dritte" haben Einstein, seine Theorien und das Publikum aus dem Hintergrund heraus manipuliert. Eine andere Möglichkeit gibt es meines Erachtens nicht für solch eine kontinuierliche Popularität, die plötzlich aus dem Nichts auftaucht, und das noch entgegen allen Erwartungen.

Es hat ja genügend andere populäre Entdeckungen und Theorien gegeben, wie die Stringtheorie, die Präastronautik, Schwarze Löcher, usw. Und dann gibt es noch die Flüge zum Mars und sogar den Flug der Raumsonden Voyager I und II über die Umlaufbahn des Planeten Pluto hinaus, auf dem Weg zum nächsten Sternensystem Proxima Centauri. Aber keine dieser Atem beraubenden Unternehmungen, Theorien oder Entdeckungen hat je so viel Aufsehen erregt wie Einsteins immer noch nicht völlig geklärte Idee der Raumzeit, die zudem noch anhand von zukünftigen Sonden weiter bestätigt werden muss. Eine Sonde soll sogar die Mikrogravitation weit entfernt von der Erde messen, um festzustellen, ob Einsteins Ideen überhaupt im Ansatz wahr sind.

Wer oder welche Macht hegt also immer wieder das Feuer rund um die Relativitätstheorie und mit welchem Zweck?

Wenn wir ferner die Geschichte der Physik nach Einstein betrachten, stellen wir fest, dass die Idee des Äthers gar allzu schnell verworfen wurde, obwohl es für die Experimente, die Einsteins Ideen „bestätigten", auch andere Erklärungen gab, die damals aber allzu bald von der wissenschaftlichen Gemeinde „vergessen" wurden. Erst fast ein Jahrhundert später häufen sich wieder Aussagen anerkannter Wissenschaftler, der Äther würde *doch* existieren, nur nicht in der primitiven Form von vor 1905. Und der Äther muss nicht unbedingt identisch mit der Nullpunktenergie bzw. dem Nullpunktfeld sein... Es scheint also, als ob die gesamte wissenschaftliche Lobby damals einen „Blackout" erlebt hatte, der erst fast ein Jahrhundert später wieder langsam vergeht.

Nehmen wir einmal an, es gäbe wahrhaftig einen Äther, in welcher Form auch immer, und Einsteins Ideen hätten den Anschein, richtig zu sein, wären in Wirklichkeit aber falsch, um gewisse Erkenntnisse über die tatsächliche Realität der Dinge vorzuenthalten. Es gibt nämlich auch andere Möglichkeiten zu erklären, warum das Licht sich anscheinend (und hier muss deutlich das „anscheinend" hervorgehoben werden) um Gravitationsfelder krümmt, warum es anscheinend Zeitphänomene gibt, wenn wir uns der Lichtgeschwindigkeit nähern, oder warum das Licht immer die gleiche Geschwindigkeit hat oder zu haben scheint. Die ersten zwei Punkte werden umfassend in meinem Buch „Interstellare Raumfahrzeuge" geschildert. Und zum Dritten möchte ich gerne Folgendes beitragen:

Vergessen wir einmal Einstein und alles, was wir über bzw. durch die Physik wissen oder zu wissen glauben, und beschränken wir uns auf das Wesentliche: Nämlich die Logik. Überdenken wir dann noch einmal das Phänomen Licht. Es handelt sich hierbei offensichtlich um nicht materielle Teilchen (Photonen), die, egal wie wir sie messen – ganz gleich, ob wir in Bewegung sind oder nicht – immer die selbe Geschwindigkeit besitzen, nämlich die Lichtgeschwindigkeit (ca. 300.000 km/s). Was besagt also die Tatsache, dass etwas immer die selbe Geschwindigkeit hat, egal was wir tun?

Des Rätsels Lösung ist logisch einfach und wahrhaftig verblüffend: Die einzige logische Lösung des Rätsels ist nämlich, dass das EINZIGE, was sich bewegt, das Licht ist, während wir uns zwar zu bewegen scheinen, aber in Wirklichkeit uns nicht relativ zum Licht bewegen, sondern nur relativ zur Materie. Denn sonst würde sich die Lichtgeschwindigkeit relativ zu unserer Bewegung ändern (sie würde sich nämlich unserer Geschwindigkeit addieren oder subtrahieren, je nachdem, ob wir uns dem Licht näherten oder uns von ihm weg bewegten).

Eine solche Logik wird auch in der „Hintergrundfeldtheorie" des Autors angewendet, die u.a. im obigen Buch beschrieben ist und auch in den folgenden Zeitschriften zu finden ist: *Journal of Theoretics* (USA), *Extraterrestrial Physics Abstract* (Japan) und *Journal of New Energy* (USA), die alle im Internet vertreten sind. Unter: *www.terra.es/personal2/hyperspace/home.htm* gibt es außerdem eine kleine Homepage dazu. Die Theorie erschien unter dem Titel „Effects and Evidence of the Background Field" in den letzten beiden Zeitschriften, bzw. als „The Background Field Theory" in der Ersten.

Dieser völlig neuartigen Theorie zufolge, ist der leere Raum von einem Feld durchzogen – dem Hintergrundfeld. Das Hintergrundfeld ist sozusagen das „Mutterfeld" aller Kraftfelder. Wenn es sich zusammenzieht, entsteht ein Gravitationsfeld; wenn es sich dreht, ein elektromagnetisches Feld; und wenn es sich an einer Stelle auflöst, kommt die *absolute Leere* zum Vorschein, die eine praktisch unendliche Geschwindigkeit durch ein solches „Loch" im Hintergrundfeld (also, im Raum) ermöglicht.

Zwei Körper ziehen sich demnach an, nicht weil die Materie Gravitation erzeugt, sondern weil die Gravitation im Raum entsteht und das Hintergrundfeld in Anwesenheit von Materie, und bedingt durch die ständigen Eigenbewegungen der Elementarteilchen, mit der Materie wechselwirkt und sich letztendlich zusammenzieht.

Nun ist es leicht zu begreifen, warum sich gegenseitig anziehende Körper in Wirklichkeit *gar nicht* bewegen: Es ist nämlich der Raum zwischen den beiden Körpern, der sich durch eine Wechselwirkung mit der Materie *zusammenzieht*. Dabei wandeln sich die Feldlinien des Hintergrundfeldes (die aus virtuellen Gravitonen bestehen und mit den Körpern wechselwirken) in Gravitationswellen um, die jeder materielle Körper theoretisch ausstrahlt, was eine ständige Reduktion des Raumes zwischen den beiden Körpern bewirkt. Das Resultat: Beide Körper *scheinen sich anzuziehen*, aber in Wirklichkeit tun sie es nicht, sondern es zieht sich nur der Raum zwischen ihnen zusammen mit dem Resultat einer messbaren „Anziehungskraft". Ähnliches geschieht auch bei der Anziehung bzw., Abstoßung zweier Körper durch die elektrische- bzw. magnetische Kraft.

Nun ist es ferner einfach zu verstehen, warum das Licht immer die selbe Geschwindigkeit besitzt. Denn es sind nicht wir, die sich in Wirklichkeit bewegen. Egal, was wir tun und wie wir uns bewegen, der Raum um uns herum bewegt sich mit uns und erlaubt es uns nicht, die tatsächlichen Bewegungen des Lichts wahrzunehmen.

Wir können uns das so vorstellen, dass das Licht sich in mehr als nur 3 Dimensionen ausbreitet – wir aber nur einen „Schatten" des Lichtes in unserer dritten Dimension wahrnehmen. Und diesen Schatten nennen wir für unsere Zwecke einfach „Licht". In Wirklichkeit würde das Licht sich aber auch in anderen Dimensionen ausbreiten. Es handelt sich hierbei aber nicht um die vierte Dimension „Zeit" und auch nicht um Dimensionen, in die man so leicht hineinschlüpfen könnte, wie in vielen Science-Fiction Filmen gezeigt. Vielmehr handelt es sich um den leeren Raum, der zwischen den erwähnten Feldlinien des Hintergrundfelds existiert. In diesem Zwischenraum ist Überlichtgeschwindigkeit möglich, da es hier keinen Widerstand bzw. keine Trägheit gibt. Denn diese Zwischenräume sind wahrhaftige Löcher im Raum, die uns ohne jegliche Zeitverluste von einem Ort zu einem anderen im Universum befördern können. Und genau das ist es auch, was modernste Experimente vermuten lassen: Nämlich eine Verbindung zwischen allen Elementarteilchen in diesem Universum oder „Nicht-Lokalität" (laut der oben erwähnten Hintergrundfeldtheorie geschieht das nämlich durch sogenannte „Löcher" im Hintergrundfeld).

Wenn wir also ein Experiment durchführen, um die Lichtgeschwindigkeit zu messen, messen wir lediglich die immer gleiche Geschwindigkeit eines *Schattens* des wahrhaftigen Lichts, das sich teils in Wechselwirkung mit dem 3-dimensionalen Hintergrundfeld und teils zwischen den Feldlinien des Hintergrundfeldes – also in einer so genannten „anderen Dimension" – befindet. Da die Feldlinien des Hintergrundfeldes immer den selben Widerstand gegenüber sich ausbreitenden Teilchen

(Licht, Partikel) ausüben, messen wir auch immer wieder die selbe Lichtgeschwindigkeit dieses *Lichtschattens*. Ein Teil des Lichtes bewegt sich allerdings auch mit Überlichtgeschwindigkeit in den Zwischenräumen bzw. Löchern des Hintergrundfeldes – wir können diesen Effekt jedoch nicht feststellen (jedenfalls bis jetzt noch nicht), da er sich eben in einer anderen „Dimension" abspielt.

Was passiert also genau, wenn wir die Lichtgeschwindigkeit, etwa auf der Erde oder einem anderen Planeten messen?

Wir wissen, dass sich das Licht um Gravitationsfelder herum krümmt, und zwar je mehr, desto stärker das diesbezügliche Gravitationsfeld ist. Ein solcher Effekt (man kann nicht genau sagen, ob es sich um eine Krümmung im eigentlichen Sinn des Wortes, oder nur um eine Verzögerung, also um eine Abbremsung des Lichts durch die erhöhte Dichte des Gravitationsfeldes nahe von materiellen Körpern handelt) wurde ja kurz nach der Veröffentlichung der Speziellen Relativitätstheorie festgestellt und wird auch immer wieder von neuem bestätigt.

Nehmen wir also folgende Situation: Zwei Himmelskörper schweben frei im Weltraum herum und ziehen sich gegenseitig durch ihre Schwerkraft an. Das Resultat: Das Hintergrundfeld zwischen ihnen zieht sich zusammen, die Körper nähern sich folglich und je näher sich die beiden Körper kommen, desto stärker wird auch das Gravitationsfeld zwischen ihnen, denn die Anziehung beider Himmelskörper addiert sich bekanntlich.

Nehmen wir einmal an, auf einem dieser Himmelskörper stünde eine Raumbasis, in der ein Wissenschaftler die Lichtgeschwindigkeit misst. Er hat die Lichtgeschwindigkeit gemessen, bevor beide Himmelskörper sich anzogen und sie ergab das gewohnte Resultat von ca. 300.000 Km/s.

Nun misst er noch einmal die Lichtgeschwindigkeit, nachdem sich beide Himmelskörper angefangen haben anzuziehen. Und er misst erneut ca. 300.000 Km/s.

Was ist geschehen? Warum addieren oder subtrahieren sich nicht die Lichtgeschwindigkeit und die Geschwindigkeit der sich gegenseitig anziehenden Himmelskörper?

Des Rätsels Lösung ist auch hier relativ einfach: Bei einem einzigen Himmelskörper zieht das Licht eine leicht gekrümmte Bahn um das Gravitationsfeld des Himmelskörpers herum und bewegt sich dabei mit Lichtgeschwindigkeit. Bei zwei Himmelskörpern ist das vereinte Gravitationsfeld natürlich stärker und das Licht zieht daher einen noch krummeren Bogen um beide Himmelskörper herum. Da die Krümmung des Lichts aber exakt proportional zur Intensität des Gravitationsfeldes ist, und diese laut der gewöhnlichen Physik auch genau proportional zur Geschwindigkeit der sich gegenseitig anziehenden Himmelskörper (Relativität) und deren Masse (Newton) ist, sind wir *gar nicht in der Lage*, eine Veränderung der Lichtgeschwindigkeit relativ zu uns festzustellen. Denn der Effekt unserer Bewegung wird immer genau durch den gegenseitigen Effekt der Krümmung durch das vereinte Gravitationsfeld aufgehoben!

Das selbe geschieht auch, wenn wir in ein Raumfahrzeug steigen, starten und dann die Lichtgeschwindigkeit messen. Sie wird immer gleich sein. Denn je höher die Geschwindigkeit des Raumfahrzeugs, desto stärker sein eigenes Gravitationsfeld (Relativität) und desto mehr krümmt sich das Licht in diesem Gravitationsfeld. Analoges passiert auch auf der Erde, wo die Lichtgeschwindigkeit letztendlich auch immer gleich ist.

Man könnte zwar hier argumentieren: Da die Lichtgeschwindigkeit so hoch und eine Krümmung im Gravitationsfeld (z. B. das Licht einer Lampe nach 30 Zentimetern Lichtkegel) eher unbedeutend ist, müsste sich die Lichtgeschwindigkeit dennoch ändern. Aber da laut der Hintergrundfeldtheorie des Autors, das Licht sich auch im Hyperraum ausbreitet, können wir gar nicht die richtige Geschwindigkeit des Lichtes messen, sondern nur eines Teils davon – nämlich eines Schattens in unserem 3-dimensionalen Raum. Und diese Geschwindigkeit ist erfahrungsgemäß immer gleich, denn das Hintergrundfeld erzeugt einen Widerstand, der sich mit der Geschwindigkeit des Beobachters erhöht und somit exakt die Geschwindigkeit des Beobachters relativ zum Licht kompensiert. Mit dem Resultat nämlich, dass die gemessene Lichtgeschwindigkeit eben immer konstant zu sein scheint – was sie relativ zum Hintergrundfeld aber eben nicht ist. Und somit ist die Hintergrundfeldtheorie (eine Theorie, die auch die sogenannten „Torsionsfelder" russischer Wissenschaftler zu erklären vermag) harmonisch in die Newton'sche (Gravitation) und auch in die Einstein'sche Physik (Relativität) eingegliedert worden.

Zwei russische Wissenschaftler, Kosyrev & Nasonov, haben übrigens bereits 1977, am Krim-Observatorium, mitten im Kalten Krieg, offensichtlich das Hintergrundfeld bestätigt, wie vor kurzem enthüllt wurde. Sie entdeckten nämlich anhand eines neuartigen Detektors, auf der Basis von in der Schwerelosigkeit gezüchteten perfekten Kristallen, eine Energie, die anscheinend der Ursprung von Gravitation war. Diese Energie verhielt sich aber entgegengesetzt zu allen anderen uns bekannten Energieformen: Sie war nämlich stärker im freien Weltraum, und schwächer in der Nähe von Materie (Galaxien). Diese beiden akribischen Forscher kamen nach mühselig angelegten Überlegungen zu dem Schluss, die Gravitation würde gar nicht von materiellen Körpern ausgehen, sondern sie entspringe im Raum selber. Und gerade das ist das entscheidende Merkmal des Hintergrundfeldes: Es ist stärker im leeren Raum und wird schwächer in Anwesenheit von Materie, da es sich hier in ein Gravitationsfeld umwandelt und Gravitationswellen erzeugt, so wie in der Relativistischen Physik beschrieben.

Wenn wir also über einen Detektor verfügten, der im Stande wäre, das Hintergrundfeld festzustellen, würden wir genau die Beobachtungen machen, die Kosyrev & Nasonov bereits 1977 machten.

Hatte also „jemand" Interesse daran, eventuell Atem beraubende Entdeckungen anderer damaliger Physiker mit Einsteins *anscheinend* korrekten Ideen zu verhindern? Es wäre durchaus denkbar, dass es so gewesen ist. Ich kann nur hoffen, dass diese „fremde Macht" einsehen muss, dass der menschliche Fortschritt nicht zu bremsen ist. Irgendwann wird irgendjemand sicherlich neuartige Entdeckungen machen, die das Hinzuziehen einer so genannten Raumzeit endgültig und offiziell überflüssig machen. Und dann stehen uns die Tore weit offen, zu Technologien, von denen wir heute nur träumen können. Nämlich die des Hyperraums.

Dieses Buch betrachtet weitere Technologien, die auf derartig neuen Überlegungen basieren. Die Leserinnen und Leser dieses Buches werden auf völlig neuartige Ideen anerkannter und weniger bekannter (eben „geheimer") Wissenschaftler stoßen, und dabei wird sich Ihnen eine Vision der Zukunft offenbaren, die völlig verblüffend und überwältigend ist.

1. Die Zukunft des Internets

Obwohl sich die unmittelbare Zukunft wegen der vielen Faktoren, die in ihr einflie-
ßen, nur schwer voraussagen lässt, kann man die ferne Zukunft viel besser voraussagen, da all jene Faktoren, die momentan dominieren, sich mit der Zeit gegenseitig
aufheben. So kann man nicht genau die Tagesentwicklung an der Börse voraussagen
und nicht wissen, ob ein bestimmter Index oder gar eine spezielle Aktie steigen oder
sinken wird. Aber eines ist sicher: Selbst nach einem Börsencrash wird sich die Börse wieder erholen und langfristig wird der Börsenindex immer weiter steigen. Das ist
unfehlbar. Denn selbst wenn es eine Katastrophe geben sollte, werden sich die Menschen danach wieder daran machen, die Börse zu nutzen und Aktien zu erwerben.
Mit dem Resultat eines langfristig immer steigenden Index.

Am Beispiel des Internets, können wir unter anderem die Entwicklung dieser populären Technologie in der Zeit verfolgen: Das Internet war früher ein Kommunikati-
onsmittel zwischen verschiedenen Forschungszentren wie dem CERN (Europäisches
Atomforschungszentrum) und Universitäten auf der ganzen Welt – vor allem in den
USA. Die Grundlage der Popularisierung des Internets war es nicht, uns allen Zugang zu einem weltweiten Informationsnetz zu gewähren, sondern vielmehr sollte
ein derartig weltweites Kommunikationsnetz im Stande sein, auch in Krisensituatio-
nen korrekt zu funktionieren. So sollte z. B. nach einem Atomkrieg, wo etwa das
halbe Telefonnetz der Erde zerstört worden wäre, das Internet immer noch anhand
der bestehenden Teilsysteme weiter funktionieren. Erst viel später erkannte man
auch das gesellschaftliche Potenzial des Internets, und man nutzte es von da an auch
als Mittel für Handel, Wirtschaft und Werbung. Später kam auch die populäre
Kommunikation dazu, mit all den Funktionen des Internets wie E-Mail, Direct-Chat,
Online-Banking, etc.

Genauso wie beim Faxgerät, wo vorhergesagt wurde, unser Fax würde bald nicht
mehr funktionsfähig sein, da er jede Nacht mit Werbung regelrecht überschwemmt
werden würde, ist es auch mit dem Internet passiert. Wir erhalten Werbung von allen
möglichen Organisationen, Firmen und Privatpersonen – das meiste davon brauchen
wir gar nicht. Andererseits ist es aber auch eine Erleichterung für die Umwelt. Denn,
je mehr Werbung elektronisch versendet wird, desto weniger wird sie auf Papier ge-
druckt, und desto weniger Bäume müssen gefällt werden.

Allerdings gibt es einen klaren Trend der Arbeitnehmer, vom Status des reinen An-
gestellten in einer Firma zum Status des Selbstständigen überzuwechseln. Und
Selbstständige machen nun einmal viel Werbung, da sie sich bekannt machen müssen, um ihre Ware oder Dienstleistungen auf den Markt zu bringen. Man stelle sich
also 6 Millionen Selbstständige, nur in Deutschland, vor, die alle ihre ganz privaten
Angebote per Werbung anpreisen. Es kommt dabei ein ziemlich großer Haufen Papier, Disketten und anderes so genanntes „Verbrauchsmaterial" dabei heraus. Wir
dürfen aber nie vergessen, dass all dieses Material aus der Natur stammt, und all unsere Handlungen im Prinzip auch die Natur belasten. Hier sind aber die Politik oder
zumindest starke Organisationen gefragt, die im Hinblick auf unsere Zukunft und

auf die unserer Kinder eine zu starke Flut von Werbung bzw. eine zu hohe Besteuerung (denn ohne so viel Steuern müssten wir auch nicht so viel werben, um Steuern u. Ä. zu bezahlen) durch Gesetze und Regelungen zu verhindern versuchen sollten.

Ich bin der Meinung, das ganze Geld, das wir produzieren, ist zu einem großen Teil sinnlos. Wir benutzen es, um Sachen zu kaufen, die wir gar nicht brauchen. Und das Fernsehen macht uns zudem alle verrückt, etwa mit der Ansage, im Abwaschwasser wären viele Bakterien, die man nun mit diesem oder jenem neuen Mittel zu 99 % vernichten könne. Es ist aber so, dass wir diese Bakterien brauchen, um gegen sie resistent zu werden. Denn: Ohne genügend Bakterien, gibt es keine Resistenz gegen diese Keime. Wenn uns Saubermänner dann nämlich Bakterien befallen – so helfe uns Gott! Wir wären ihnen ohne ein funktionierendes Immunsystem hilflos ausgeliefert. Und wenn es nicht die Bakterien sind, sind es eben die Pilze, die uns befallen.

Wir sehen also: Werbung erzählt immer nur die halbe Wahrheit, um uns unbedingt ein Produkt zu verkaufen, das wir im Prinzip gar nicht brauchen oder das sogar langfristig schädlich oder gar gefährlich (medizinische „Sackgasse") sein kann.

Wie es auch immer sei. Das Internet ist nun ein weltweites Kommunikationsmedium geworden und sogar buddhistische Mönche, afrikanische Bauern und auch bald meine kleine Tochter „surfen" im Internet nach Informationen und tauschen diese aus.

Momentan ist das Internet ein Medium, das „außerhalb" unseres Computers existiert. Aber es gibt bereits Visionen für eine nächste Phase, in welcher unsere Computer mit dem Internet verschmelzen werden. Das bedeutet, das Betriebssystem unserer Rechner wird nicht mehr von jedem einzelnen Anwender mühsam auf eine private Festplatte installiert, sondern es wird spezielle Server geben, auf denen bereits alle Betriebssysteme einer ganzen Region (z. B. im deutschsprachigen oder englischsprachigen Raum), in all ihren möglichen Variationen, bereits vorinstalliert sind. Jeder Anwender muss dann nur noch den Rechner starten und schon knüpft sein Prozessor per Internet an den nächsten Server mit dem betreffenden Betriebssystem an.

Das kann allerdings erst geschehen, nachdem das Internet so gut wie kostenlos geworden ist. Ansonsten könnten nur die Reichen sich derartig zentralisierte Betriebssysteme leisten. Aber die Zentralisierung aller Rechner in einer Region hat auch viele gute Seiten: Es könnte so z. B. an verschiedenen Lernprogrammen teilgenommen werden, wie in Englisch, Mathematik oder gar an der Internationalen Sommerschule - eine Fernuniversität, wo man alles Mögliche lernen kann, und zwar in einer virtuellen Klasse, ohne irgendetwas installieren zu müssen, und mit sehr umfangreichen Funktionen. Aber auch in anderen Bereichen, wie beim Online-Banking, beim Surfen nach Informationen oder beim Blättern in einem virtuellen Katalog ist das Internet nützlich. Wir bräuchten zu Hause dann überhaupt keine CD-ROMs mehr, denn sie alle wären bereits vom Hersteller auf ein regionales Rechenzentrum überspielt worden. Dabei würden sich Arbeitsplätze auf der ganzen Welt zu diesen zentralen Systemen und allem drum herum verlagern.

Nach der Phase der *regionalen* Zentralisierung, käme sicherlich die Phase der *globalen* Zentralisierung. D.h. alle Rechner der Welt – oder zumindest desjenigen Teils der Welt, in dem keine Kriege oder Streitigkeiten mehr ausgetragen werden, wie z. B. in der westlichen Welt – würden dann praktisch das selbe Betriebssystem nutzen. Denn nach einer anfänglichen Phase mit verschiedenen Betriebssystemen, würde sich sicherlich das „beste" von ihnen durchsetzen.

Natürlich muss man bei solchen Zentralisierungen auch sehr vorsichtig sein. Man denke da nur an das berühmte Betriebssystem Windows 2000, das nach Meinung vieler Kommunikationsmedien und Analysten gegen das Kartellprinzip zu verstoßen schien, da dabei der Anwender keine andere Möglichkeit mehr hat, als Programme vom Hersteller oder von verwandten Unternehmen zu kaufen.

Wenn jemand so mächtig wird, dass er fast einen ganzen Markt beherrscht, ohne praktisch Konkurrenz zu erfahren, gibt es natürlich das Problem, das schon die antiken Griechen kannten: Nach einer Demokratie kommt immer eine Tyrannei. Nach einer Tyrannei kommt eine Revolution. Und diese setzt dann wiederum eine Demokratie ein. Und so geht es weiter bis ins Unendliche.

Wenn wir also nicht in diesen Teufelskreis, der schon fast 3000 Jahre alt ist, geraten wollen, müssen wir neue Wege suchen, um globale Systeme effektiv anwenden zu können. Man könnte z. B. die UNO damit beauftragen, globale Server mit globalen Betriebssystemen einzurichten oder ihre Einrichtung zu überprüfen. Der Länderrat der UNO würde dann alle Streitigkeiten und Probleme schlichten, die wegen der Zentralisierung entstehen könnten. Man müsste auch über eine weit gefächerte Expertengruppe verfügen, die Probleme bereits im Voraus aufspüren und Lösungen zu ihrer Beseitigung bzw. Vermeidung vorbringen könnte. Ein wichtiges Aufgabengebiet dieser Expertengruppe wäre z. B. die Vermeidung der oben erwähnten Monopolisierung durch bestimmte Unternehmen oder Organisationen, die gewollt oder ungewollt, die Macht in der Welt des Handels an sich reißen könnten.

Nachdem dies alles geklärt und geregelt wäre, könnten wir das Internet noch weiter entwickeln. Man würde dann ungefähr das Jahr 2100 schreiben. Der Mensch hätte sich an das Internet gewöhnt und es gäbe bereits Raumstationen auf dem Mond und auf dem Mars. Die ersten interstellaren Raumschiffe wären schon längst in Richtung anderer Planeten, zu weit entfernten Sonnensystemen, unterwegs.

Und so ginge es weiter: Selbst das Wort „Internet" würde bald vom Gebrauchsvokabular verschwinden, denn es würde schon bald veraltet sein. Ein neues Konzept, wie z. B. das „Spacenet" oder „Hypercom" würde schon bald auftauchen. Der Mensch wird im Jahre 2200 sicherlich schon einige Geheimnisse des Universums bzw. der Raumzeit für sich zu nutzen wissen, wie z. B. Kräuselungen in Raum und Zeit, Antigravitation, Teleportation, etc., die in diesem Buch sowie im Buch „Raumfahrzeuge der Zukunft" weitergehend beschrieben werden.

Es wird dann auch keine Computer im heutigen Sinn mehr geben. Der Mensch wird sich anhand von Interfaces, die immer kleiner und leistungsfähiger werden, mit globalen Netzen verbinden können. Wir werden keine Daten mehr zu Hause speichern, sondern nur noch in einem riesigen Zentralspeicher, tief unter der Erdoberfläche oder gar auf dem Mond, so dass er nicht zerstört werden kann. Außerdem wird es viele Kopien des Zentralspeichers geben, so dass auch keine regionalen Kriege diese Daten löschen könnten. Mit nur einem Gedanken werden wir Billionen von Bits von einem Ort zum anderen schicken bzw. verarbeiten können.

Es wird keine „Arbeit" mehr im eigentlichen Sinne des Wortes geben. Arbeiten werden nur noch Kommunikationsleitungen, Maschinen, Roboter (nicht unbedingt menschenähnliche) und Sonden durchführen: Wir schreiben das Jahr 2300. Der Mensch hat bereits feste Raumstationen auf Pluto, in der Oortschen Wolke sowie auf Alpha Centauri und anderen nahe liegenden Sternen errichtet. Die Flugzeit zum äußersten Stern unseres Lebensraumes beträgt circa 3 Monate. Wir haben bereits viele außerirdische Lebensformen entdeckt – einige von ihnen sogar intelligent. Es scheint zudem so, als ob wir beobachtet würden...

Wir schreiben das Jahr 2400 n. Chr. Der Mensch hat den Mond, den Mars, die Venus und viele andere Planeten auf fremden Sonnensystemen fruchtbar gemacht. Er hat künstliche Monde geschaffen, um die lebensnotwendigen Rahmenbedingungen (z. B. Ebbe und Flut) zu erzeugen, die das Leben auf der fernen Erde, damals vor ca. 4 Milliarden Jahren, möglich machten.

Wir schreiben das Jahr 3000 n. Chr. Es gibt eine Krise zwischen der natürlichen Evolution des Menschen und seiner Technologie. Der Mensch hat gelernt, die Natur so perfekt nachzuahmen, dass man nicht mehr zwischen natürlichen und künstlichen Objekten unterscheiden kann. Biologisch gesehen ist der Mensch nun ein wenig intelligenter als der damalige *Homo sapiens* des Jahres 2000. Es gibt eine gemischte Population im Raumsektor des Menschen, mit ca. 40 % *Homo neosapiens* und 30 % *Homo artificialis*, dem „künstlichen" Menschen, der so perfekt ist, dass er nicht vom natürlichen Menschen unterschieden werden kann. Außerdem gibt es noch kleinere Populationen des früheren *Homo sapiens*, der aber nicht zurückgeblieben ist, sondern sich anhand modernster Technologie einen Teil des biologischen Körpers durch Bio- und Kunstimplantate ersetzt hat, die es ihm nunmehr erlauben, länger und gesünder zu leben. Dies ist auch die „herrschende Kaste" auf der Erde, während in weniger entwickelten Regionen, der *Homo neosapiens* und der *Homo artificialis* überwiegen, die sich auf eine für sie natürliche Weise an das jeweilige Klima ferner Welten anpassen können. Die Evolution der menschlichen Art ist nun sozusagen „dreigeteilt".

Wenn die Entwicklung des heutigen Internets immer weiter geht, ist es zu erwarten, dass eines Tages – sagen wir, in ca. 5000 Jahren oder mehr – der Mensch physisch *aufhört zu existieren*. Der Mensch ist es nämlich Leid, krank zu werden, sich zu verschmutzen, anzustrengen und gar zu sterben. Eine neuartige Technologie erlaubt es nunmehr den Geist (das ist eine Ansammlung von Kräuselungen in der Raumzeit – siehe auch Kapitel 2) auf das „Krisbal" – das globale Kristall - zu übertragen. Das Krisbal ist ein unzerstörbarer Mikrokristall, der weit verborgen im Hyperraum liegt, wo ihn niemand finden kann, auch wenn er eine Million Jahre lang gesucht würde. Der Krisbal ist so klein, dass seine Suche, die einer Nadel in einer Milliarde Heuhaufen ähneln würde. Außerdem ist er praktisch unmateriell und kann sich teilen und multiplizieren. In Wirklichkeit gibt es Milliarden Kopien von Krisbal, die alle untereinander durch den Hyperraum in Verbindung stehen (siehe dazu auch die Hintergrundfeldtheorie in der Einleitung).

Die Tendenz des heutigen Internets weist wahrhaftig auf eine Verschmelzung des Menschen mit der virtuellen Welt hin. Die ersten Anzeichen dafür sind die, bereits existierenden Interfaces zwischen Mensch und Computer. Neurobiologen haben bereits herausgefunden, wie das menschliche Gehirn Informationen von Neuron zu Neuron weitergibt, diese entschlüsselt und künstlich anhand von schwachen Stromstößen nachgeahmt. Das Resultat ist ein Interface, mit dem der Mensch sich an eine Maschine koppelt, diese seine Befehle interpretiert und sie dann ausführt. Die kommenden Schritte werden sicherlich im Bereich von Kampfanzügen und dergleichen liegen, die alle unbewussten Befehle des Menschen auszuführen vermögen. Ein solcher Kampfanzug könnte aus unverwüstlichem Material sein und die Kraft des Menschen verhundert- oder vertausendfachen. Man nennt diese Anzüge auch Exoskelette, denn sie sind den Insekten und anderen Gliederfüßern nachempfunden. Eine Ameise kann z. B. ein Vielfaches ihres eigenen Körpergewichts hochheben. Ein solches Exoskelett kann das auch, und so erlangt der Mensch die Kraft eines mächtigen Titanen, wie er bereits in der Antike vielfach beschrieben wurde. (Zufall?)

Ein nächster Schritt auf dem langem Weg des Menschen hin zu einem künstlichen oder gar – wie oben beschrieben – virtuellen Dasein, wird sicherlich die Erschaffung ganzer künstlicher Körper sein. Zuerst etwa für Querschnittsgelähmte und Unfallopfer aller Art, aber dann auch für jedermann. Wir werden keine Interfaces mehr benötigen, um mit Maschinen und künstlichen Systemen – ja vielleicht auch mit Tieren und Pflanzen – zu kommunizieren. Wir werden ihre Sprache sprechen und sie die unsere. Vielleicht können wir ja hierbei noch eine Menge dazulernen!

Eines Tages aber werden wir ganz gewiss unseren Körper verlassen und nur noch unser „Geist" bzw. unsere Seele wird als Kräuselung in der Raumzeit oder in einem anderen unwirklichen Medium oder Zustand weiter existieren. Wenn dieser Tag gekommen ist, wird es keine Spezies vom Genus *Homo* oder desgleichen mehr geben. Wir wären dann etwa „*Virtualis humanus*" oder „*Quasihomo virtualis*". Es gäbe ab diesem Punkt keine Fortpflanzung und keine Biologie mehr. Der Mensch – hier: der virtuelle Mensch – hätte sich definitiv von seinem natürlichen Körper gelöst und wanderte nunmehr als geisterhaftes Geschöpf durch die Unendlichkeiten von Raum und Zeit.

Nachdem Wissenschaftler herausgefunden haben, wie das menschliche Gehirn mit Maschinen kommunizieren und Informationen mit Maschinen und gar anderen Lebewesen austauschen kann, ist es nur noch eine Frage der Zeit, wann alle Informationen im menschlichen Hirn auf ein anderes Medium übertragen werden können. In diesem Sinn gibt es die Vermutung, unser Geist (Bewusstsein, Unterbewusstsein) wäre das Resultat der Interpretation von Kräuselungen der Raumzeit durch die Aktivitäten biologischer Materie. Das Interface zwischen der Raumzeit und der Materie bestünde aus kleinen Mikrotuben, die in allen lebendigen Zellen existieren, sich in

Gravitationsfeldern strecken und dehnen können, und so Feldveränderungen auf unsere Neuronen und unser Gehirn übertragen. Mit einem Befehl könnten wir also – die erforderliche Technologie dazu natürlich vorausgesetzt – unseren ganzen Geist in die Raumzeit übertragen. Wir wären dort etwa so viel, wie eine Gasblase in einer Flasche Sprudelwasser, die ewig verschlossen ist.

In einem solchen Zustand wären wir quasi unsterblich. Wir müssten nicht einmal auf irgendeinem festen Datenspeicher existieren. Ganz im Gegenteil! Genauso wie eine Anziehungskraft (z. B. Schwerkraft, Elektromagnetismus) von einem String zu einem anderen verläuft (siehe hier auch, das Stichwort „Stringtheorie" in Physikbüchern), könnten unsere Kräuselungen auch durch die gesamte Raumzeit wandern. Wir würden dabei außerdem nicht mehr altern und könnten das gesamte Universum durchstreifen (oder gar feststellen, dass ein solches überhaupt nicht existiert oder dass es ganz anders ist als von uns erwartet). Und vielleicht begegnen wir dann ja auch unserem Schöpfer - was Er auch immer sein mag...

In diesem Zustand könnten wir außerdem mit Leichtigkeit anhand von bereits bestehenden Interfaces, wie den geschilderten Kraftfeldern oder Mikrotuben, in Materie und andere Lebewesen eindringen. Wenn nämlich die Information eines Menschen von der Raumzeit etwa auf einen Baum oder einen Organismus auf einem beliebigen Planeten im Universum übertragen würde, könnte unser Geist mit der diesbezüglichen Materie wechselwirken und vielleicht sogar die Evolution dieser Lebewesen steuern bzw. in sie eingreifen. Wir wären dann mit jenen Lebewesen eins, würden sie aber nicht all zu sehr in ihren Gewohnheiten stören. Ja vielleicht würde es sogar eine Art Symbiose geben, so dass beide Lebensformen (wir und die andere) davon profitieren könnten.

Obiges Szenario vorausgesetzt, würde sicherlich auch bedeuten, dass es auch bei uns – hier und heute – auf unserer Erde ähnliche Prozesse geben könnte. In jedem Stein, Baum oder Tier könnte vielleicht der Geist einer höheren Intelligenz schlummern, die versucht, die Evolution des von ihr bewohnten Körpers zu steuern. Ja, vielleicht sind diese Geister sogar in uns Menschen und versuchen unsere überaus interessante Evolution zu studieren und zu steuern. Das würde nämlich viele geheimnisvolle Phänomene erklären können, wie etwa warum wir schlafen, warum wir träumen oder manchmal sogar Visionen haben. Aber auch, warum die Evolution der Arten so perfekt verlaufen zu sein scheint, wie es in unseren Büchern steht. Oder – warum wir überhaupt existieren...

In den sechs weiteren Kapiteln dieses Buches – Nanotechnologie, Quantenmaschinen, Smarte Materialien, Interstellare Raumfahrt, Kalte Fusion, Wetterkontrolle – erhalten Sie erlesene Hintergrundinformationen, um einen ganz privaten, weiten Blick in die Zukunft zu werfen. Jeder wird sich so eine ganz persönliche Vorstellung der kommenden Jahrzehnte und Jahrhunderte machen können, ja vielleicht sogar noch darüber hinaus träumen können.

Alle hier beschriebenen Technologien sind in Wirklichkeit eng verwandt – ja sogar die Wetterkontrolle mit der Kalten Fusion. Denn sie alle beziehen sich letztendlich auf die Kontrolle von Elementarteilchen und von urtümlichen Kräften des Universums, die ferner überall existieren, sei es in den Wolken, in einem Glas Milch oder in unserem Gehirn. Unsere Zukunft hängt also großenteils von unserer Kapazität ab, die Welt der Elementarteilchen und die der Raumzeit zu verstehen. Und damit meine ich nicht, zu behaupten, Elementarteilchen hätten derartig ungewöhnliche Eigenschaften, dass sie sich den Gesetzen unserer makroskopischen, Newton'schen Welt bei weitem entziehen und wir sie nicht verstehen können, so sehr wir uns auch anstrengen.

Nur diejenigen werden die Raumzeit verstehen und zu nutzen wissen, die es schaffen, die merkwürdigen Eigenschaften der Elementarteilchen mit einer ganz gewöhnlichen, einfachen Physik zu erklären. Denn nur das, was simpel ist, kann im Universum bestehen. Die Evolution des Universums – offenbar viel fundamentaler als die Evolution der Arten – erlaubt es vermutlich nicht, dass Dinge existieren, die ungemein kompliziert sind. Nur die ganz einfachen können bestehen. Denn alle anderen, komplizierten Dinge würden im Wirbel und vom Wandel der Zeit einfach mitgerissen und zerstört werden, so wie ein kräftiger Baum auch eines Tages seinen Meister in einem noch kräftigeren Sturm findet. Doch ein einfacher Grashalm wird vermutlich diesen und noch stärkere Stürme überleben, denn der Halm beugt sich einfach, wenn der Sturm vorbeizieht und ist so viel resistenter als der stärkste Baum überhaupt.

Und das unscheinbare Wesen Mensch muss lernen, das Unfassbare in simple Worte zu fassen, u. U. auch ohne die Zuhilfenahme von Zahlen. Denn wenn wir uns nur von Zahlen und Formeln leiten lassen, sehen wir wahrscheinlich nicht die überwältigende Schönheit, die sich im Universum, ja in jedem einzelnen Lebewesen, Körper und Elementarteilchen versteckt, sei es auch noch so klein.

In der Folge habe ich also für Sie eine kleine Auswahl an Zukunftstechnologien vorbereitet, in der Hoffnung Ihnen einen noch umfassenden Überblick über das was offenbar kommen soll bieten zu können.

2. Nanotechnologie

Die Molekulartechnik – oder auch Nanotechnologie genannt – ist im Prinzip der Versuch des Menschen, die Moleküle der Natur nachzuahmen und zu perfektionieren. Man geht in dieser Hinsicht davon aus, dass ein lebender Organismus – von einem eventuellen, übernatürlichen Hauch abgesehen – lediglich aus Molekülen besteht und dass all diese Moleküle eine gewisse Funktion haben. So gibt es im Körper z. B. strukturelle Moleküle wie die der Knochen und der Haut, funktionelle Moleküle wie Enzyme und Hormone und Informationsmoleküle wie Neurotransmitter und Nukleinsäuren. All diese Moleküle können nachgebaut und sogar noch weiter „verbessert" werden.

Um ein Molekül nachzubauen, kann man verschiedene Methoden anwenden. Bei der Vervielfältigung von Nukleinsäuren z. B., verwendet man Replikasen: Enzyme aus dem Zellkern, die neue DNS- bzw. RNS-Stränge anhand von Aminosäuren, Nukleinbasen und einem Initiator – das heißt, einem kleinen Stück Nukleinsäure zur Initiierung des neuen Strangs – herstellen. Diese und ähnliche Prozesse finden im Zellkern bzw. im Zellinneren statt. Im Zellinneren der höheren Lebewesen gibt es außerdem so genannte Ribosome, die anhand von Aminosäuren und der Information aus der DNS Proteine bzw. Eiweißstoffe zusammenfügen, und zwar alle verschiedenen Arten von Proteinen, die es etwa in einem so komplizierten Körper wie dem menschlichen Körper gibt.

Die Molekulartechnik ist dabei der Versuch des Menschen, die oben geschilderte Biomaschinerie nachzuahmen. Diese Technik nennt sich auch Nanotechnologie, weil der Nanometer (ein Millionstel Millimeter) das Maß der Moleküle ist. Beim Mikrometer (ein Tausendstel Millimeter) angelangt, befinden wir uns bereits im Reich der Bakterien und der kleinen Zellen. Dieses Reich ist jedoch noch (etwa 1000 mal) zu groß für die Manipulation von Molekülen. Und anders herum, wenn wir uns ins Reich des Picometers begeben (das ist ein Milliardstel Millimeter), befinden wir uns bereits im Reich der Atome. Und das ist schon zu klein um noch Moleküle handhaben zu können. Aus diesem Grund müssen wir uns im Nanobereich aufhalten – daher auch der geheimnisvolle Name, „Nanotechnologie".

Die Molekulartechnik geht wie oben erwähnt davon aus, dass die gesamte Biomaschinerie an Enzymen und Informationsträgern in den Zellen nachgebaut und perfektioniert werden kann.

Eigentlich ist der Grundsatz der Molekulartechnik nicht neu. Wir benutzen schon seit längerem Antibiotika, die in den Augen der Molekulartechniker nichts weiter als kleine Maschinen sind, die sich u. A. auf die Zellmembrane von Bakterien setzen und sie zum platzen bringen, indem sie ein Loch in der Zellwand öffnen. Die makroskopischen Muskeln aller lebenden Tiere funktionieren ihrerseits anhand eines ähnlichen Prinzips, wie die mikroskopisch kleinen Mikrotuben, die es Bakterien erlauben, Kontraktionen durchzuführen; und Urtieren, mit ihren Wimpern zu schlagen.

Es handelt sich bei Mikrotuben um Fasern eines Proteins, auf denen sich ein zweites Protein sozusagen „festklammert". Indem es sich festklammert, bleibt der primitive Muskel oder die diesbezügliche Wimper regungslos. Wenn aber eine Ziehbewegung auf den feststehenden Fasern erfolgt, wird der Muskel oder die Wimper nach vorne oder nach hinten oder zur Seite hin bewegt. So in etwa entstehen alle Bewegungen, von Bakterien bis zu höheren Tieren und dem Menschen.

Während aber eine Nachahmung der Muskeln eher die Aufgabe der Biomechanik ist (z. B. zur zukünftigen Herstellung von Kampfanzügen, die unsere Stärke um ein Tausendfaches erhöhen können), ist es Aufgabe der Molekulartechnik diejenigen Zellmechanismen zu imitieren, die es uns erlauben, neue molekulare Einheiten herzustellen. Man unterscheidet dabei zwischen Replikatoren (Moleküle, die andere Moleküle oder sich selbst vervielfachen – z. B. die DNS-Polymerase, die neues DNS herstellt); Assembler (Moleküle bzw. Strukturen, die gewisse Moleküle oder Strukturen zusammenbauen – z. B. Ribosome, die Eiweißstoffe zusammenbauen); und Deassembler (Moleküle bzw. Strukturen, die gewisse Moleküle oder Strukturen auseinanderbauen – z. B. Ribonuklease, ein Enzym, das Nukleinsäuren zerschneidet).

Replikatoren, Assembler und Deassembler funktionieren in lebendigen Zellen auf Grund von Anweisungen, die letztendlich alle von Nukleinsäuren vorgegeben werden. So stellen etwa Ribosome nur Proteine oder Eiweißstoffe her, wenn sie gleichzeitig einen gültigen DNS-Strang lesen können. Dabei werden die Purinbasenpaare aus Adenin, Guanin, Cytosin und Tyamin abgetastet, die pro Paar eine Aminosäure kodieren. Und auf der anderen Seite werden parallel dazu Aminosäuren aus dem Zellplasma zu Proteinen zusammengekoppelt. Wenn einmal ein Protein ausgedient hat, wird es von Enzymen (so ähnlich wie in unserem Magen) auseinander genommen und die alten Aminosäuren können so wieder für neue Proteine verwendet werden, die wiederum völlig neuartige Funktionen ausführen könnten. Es handelt sich dabei also um eine absolut perfekte biologische Recyclingmaschine.

Nach diesem Prinzip sollen auch zukünftig molekulare Maschinen – ja sogar ganze molekulare Fabriken – funktionieren. Dabei wird die Information, die in den Zellen im DNS enthalten ist, durch künstliche Intelligenz (bzw. ihrer Nachfolgerin) ersetzt. Somit würde für derartige „Fabriken" ein neuer molekularer Baustein erforderlich sein, nämlich der Nanocomputer: Nanocomputer bestünden dabei aus verschieden großen Einheiten; die kleinste davon könnte etwa 10 Millionen Kubiknanometer, und die Größte noch unter einem Kubikmikrometer (also ein Tausendstel eines Stecknadelkopfes) groß sein.

Nanocomputer wären im Prinzip nichts weiter als ein Molekularchip, 10- bis 100-tausend mal kleiner als ein derzeitiger Mikrochip. Dabei würde man die Information, das heißt die Programmierung des Nanochips, ähnlich wie bei den derzeitigen Mikrochips, durchführen. Da Nanochips aber dreidimensional (und nicht mehr zweidimensional wie Mikrochips) sind, würde sich ihre Speicherkapazität zumindest auch um ein Tausendfaches erhöhen im Vergleich zu den heutigen Mikrochips mit den selben Ausmaßen.

Wie auf einer CD-ROM, könnte man z. B. in einem Nanokubus kleine Einkerbungen erstellen, etwa indem wir hier und da Atome mit einem Nanomanipulator entnehmen, um den Kubus auf diese Weise zu programmieren. Wir könnten aber auch hier und da etwa magnetische Kristalle aus Ferrit oder anderen Materialien einsetzen, um die Programmierung eines Magnetbandes zu imitieren. Ein weiterer Fortschritt bei der Miniaturisierung der Speicherchips wäre dabei die Programmierung anhand verschiedener Atome, die in Reihen und Spalten gelesen, ein dreidimensionales Informationsmuster ergeben könnten. Auch das Einfügen von Ionen in Lösungen bzw. Suspensionen solcher Nanochips in einer Flüssigkeit könnte die Information erneut um ein Vielfaches erhöhen. Dabei könnte man z. B. die Ladung eines Ions oder Ferritmoleküls anhand einer elektromagnetischen Vorrichtung ablesen – so ähnlich wie bei einem Magnetkopf, der ein Magnetband abliest und die Information dann in Geräusche (Musik) oder Bilder (Video) umwandelt - nur eben viel, viel schneller.

Die Möglichkeiten von Nanocomputern sind offensichtlich unbegrenzt. In der Praxis würden größere Nanocomputer an bestimmten Standpunkten platziert und von dort aus könnten sie kleinere und noch kleinere Nanocomputer steuern und sogar von selber programmieren, damit sie ganz spezifische Arbeiten verrichten. Eine Lösung bzw. Suspension aus Nanocomputern könnte auch einfach anhand von elektromagnetischen Wellen programmiert werden. Dabei wäre jede Wellenlänge bzw. -frequenz der Auslöser einer ganz bestimmten elektrochemischen Reaktion im Inneren des Nanocomputer-Kubus. Anhand eines Elektrowellengenerators könnten wir ferner eine ganze Flotte von Nanocomputern programmieren, die ihrerseits ihre spezifischen Aufgaben an Nanomaschinen weitergeben können, so ähnlich, wie es weiter unten erläutert wird.

Dabei sind Forscher zum verblüffenden, aber offensichtlichen Resultat gekommen, dass die Natur immer noch mit im Prinzip „altmodischen" Informationsträgern arbeitet. Die DNS- bzw. RNS-Stränge erinnern nämlich an die vor Jahrzehnten in der Computerindustrie verwendeten Lochbänder, mit denen wir einst unsere altmodischen Rechner programmierten. Jeder Strang Nukleinsäure versteht sich dabei, als wäre er ein Lochband, das die Herstellung von Eiweißstoffen und vielen anderen Molekülen erst ermöglicht und steuert. Die Herstellung von Eiweißstoffen ist dabei die direkteste Umsetzung, die es von einer Nukleinsäure in ein Molekül gibt, und wird von Ribosomen vorgenommen. Denn Nukleinsäuren sind der direkte Code für Aminosäuren, die ihrerseits die besagten Eiweißstoffe bilden. Dabei liest jedes Ribosom einen DNS-Strang und koppelt am anderen Ende Aminosäuren zu einem Protein zusammen.

Wenn die Natur, anstatt der DNS, fortgeschrittene Speichermedien benutzen würde, wie Nanokuben oder ähnliches, würde die Welt sicherlich nicht so aussehen, wie sie heutzutage aussieht. Vielleicht würden wir Menschen in diesem Fall auch gar nicht existieren. Denn vom molekularen Sichtpunkt aus sind wir nichts weiter als altmodische Geschöpfe.

Dieser Gedanke hat natürlich viele Spekulationen veranlasst. Die Natur hat aber sicherlich ihre guten Gründe gehabt, um uns „primitiv" zu halten. Denn nur ein primitives Wesen kann sich wünschen, perfekter zu werden. Auf anderen Planeten, auf denen es nach modernen Gesichtspunkten nach zu urteilen wahrscheinlich auch Leben geben könnte, ist es jedoch nicht auszuschließen, dass dort die Natur die Phase der DNS vielleicht schon überwunden und ein Leben kreiert hat, das wir uns überhaupt nicht vorstellen können: Modulare Wesen, die sich selbst reparieren und praktisch unsterblich sind; lebende Einheiten, die sich auf Wunsch zusammenfügen können, um eine Art Kolonie zu bilden; Wesen, die im Status solcher Kolonien beschließen, sich oder ihre unmittelbare Umgebung in ein Raumschiff umzuwandeln, um uns Menschen einfach besuchen zu kommen; oder die anhand ihrer Nano- bzw. Picomaschinen (das sind noch nicht erforschte atomare Maschinen) Zugriff auf die Struktur des Raumes haben, und uns einfach so – ohne ein Raumschiff dazu zu benötigen – besuchen kommen können. Die Möglichkeiten sind hier praktisch unbegrenzt...

Die Entwicklung obigen Szenarios weiter verfolgt, führt also offensichtlich zu einem Wesen, das praktisch perfekt und unsterblich ist. Man könnte es auch als „Gott" bezeichnen. Gott (das heißt das, was wir unter Gott verstehen) müsste also nicht unbedingt am Anfang des Universums stehen und es kreiert haben, sondern könnte auch im Verlauf der Jahrmilliarden entstanden sein (man sagt nämlich, unser Universum wäre ca. 12-15 Milliarden Jahre alt). Die Natur hätte in diesem Sinn im Verlauf der Eonen ein so perfektes Wesen geschaffen, das die Eigenschaften besitzt, die wir für gewöhnlich unserem gemeinsamen, irdischen Gott zuschreiben (allmächtig, unsterblich, der Schöpfer, unser aller Vater). Aber, auch wenn Gott erst am Ende bzw. im Verlauf des Universums „entstanden" wäre, würde er dank seiner außergewöhnlichen Eigenschaften als Herrscher über Materie und Raumzeit sicherlich über die erforderlichen Mittel verfügen, um problemlos wieder zum Anfang des Universums oder nach Belieben irgendwo hin zu gelangen, um dann wiederum seinen Wünschen nach, beliebig in die Geschehnisse des Universums eingreifen zu können. Gott wäre also irgendeinmal in die „Zeitschleife" unserer Welt eingedrungen und würde von da aus über das gesamte Universum herrschen.

Wir sehen also, Gott muss nicht unbedingt schon am Anfang des Universums gewesen sein um die Bedingungen zu erfüllen, die wir einem solchen Wesen stellen. Und zum zweiten könnte es auch nicht zwei verschiedene Götter geben, da sie sich ja gegenseitig im Weg stehen würden. Ein logischer Schritt in diesem Fall wäre die Fusion beider Götter, wieder zu einer Einheit. Und dann würde es wiederum nur noch einen einzigen Gott geben - aber das alles ist schon hohe Spekulation.

Wie es auch immer sei. Nanocomputer würden also geschaffen werden, um Nanomaschinen zu steuern. Diese Nanomaschinen wären dabei die erwähnten Replikatoren, Assembler, Deassembler, usw. So ähnlich, wie in einer Zelle Energie in den Mitochondrien anhand von ATP (Energiemolekül) und anderen Zuckerstoffen gewonnen wird; Proteine anhand von Ribosomen und Aminosäuren, und andere chemische Substanzen anhand von Enzymen und einfachen Molekülen bzw. Ionen hergestellt werden; kann man sich auch eine ganze Nanofabrik vorstellen, die nach ähnlichen Prinzipien, wie in einer lebendigen Zelle funktioniert.

Nanomaschinen kann es übrigens in allen nur erdenklichen Formen und Variationen geben. Man ist so in der Lage selbst Nanofahrzeuge oder Nanoförderbänder herstellen, indem man ringförmige Moleküle, wie Benzol, Cyclohexan oder andere, als Räder, und chemisch beständige Nanoplatten aus Gold- oder Platinatomen, benutzt, um Moleküle wie auf einem Förderband zu transportieren.

Ein fundamentaler Unterschied zwischen Nanomaschinen und Makromaschinen (gewöhnliche Maschinen) ist dabei nicht nur die Größe, sondern auch die Kräfte, die auf solch einer minimalen Ebene wirken oder, entgegen unserer Makrowelt, dort überhaupt nicht existieren: Ein Benzolrad etwa, anhand einer chemischen Verbindung an eine tragende Struktur gekoppelt, übt z. B. keine Reibungskräfte mehr aus. Das heißt, es entsteht keine Reibung zwischen dem Rad und der Aufhängung (Achse). Das hier als Beispiel verwendete Benzolmolekül kann sich dabei frei um seine eigene Achse drehen, ohne etwa Schmieröl zu benötigen. Ein Nanofenster kann sich in diesem Sinn mehrere Millionen mal öffnen und schließen, ohne dass dabei irgendwelche Scharniere zu quietschen anfangen. Und ein Nano-U-Boot kann sogar in jede beliebige Tiefe eintauchen, ohne dabei vom herrschenden Druck, wie ein gewöhnliches U-Boot, zerquetscht zu werden.

Andererseits gibt es im Nanobereich auch große Nachteile gegenüber unserer Makrowelt. Der größte Nachteil ist dabei die Wärme, die erzeugt wird, wenn sich schnell drehende und bewegende Moleküle mit Wasser oder anderen Flüssigkeiten, in denen sie gelöst sind, wechselwirken. Die Bewegungsenergie der Moleküle wird dabei auf das Lösungsmittel übertragen, das sich mit der Zeit aufwärmt. Nun stellen wir uns eine konzentrierte Lösung Nanomaschinen vor, die auf Hochtouren arbeiten. Die erzeugte Wärme aus ihrer kinetischen Energie und die resultierende Wärme aus den chemischen Reaktionen, die sie in Gang setzen, würde nach einer kurzen Zeit die Lösung eventuell zum kochen bringen. Um das zu verstehen, reibe man sich einfach die Hände. Sofort wird eine starke Wärmeentwicklung spürbar. Wird diese Wärme nicht abgeführt, kann der Organismus sterben bzw. das gesamte Nanosystem zusammenbrechen. Daher müssen alle Nanosysteme mit einem durchlaufenden Strom kühler Flüssigkeit abgekühlt werden. Dass das machbar ist, beweisen ja die lebenden Organismen. Ihre Zellen werden anhand von Wasser gekühlt, das wir aufnehmen und später wieder auf der Haut verdampfen. Verschiedene Tiere haben verschiedene Techniken in diesem Sinn entwickelt. So verdampfen Hunde z. B. viel mehr durch die Atmung als wir, da sie nicht so gut schwitzen können wie Menschen. Das Prinzip der Abkühlung ist aber immer das selbe.

Ein Temperaturanstieg tritt auch ein, wenn wir eine infektiöse Krankheit haben und daraufhin Fieber bekommen. Das Fieber ist einerseits die Reaktion des Körpers, um den Eindringling abzutöten (z. B. einen Virus, der für gewöhnlich nicht über 40°C existieren kann und bei dieser Temperatur zerstört wird), aber andererseits rührt es auch von der überschüssigen Wärme her, die ausgestrahlt wird, weil das gesamte

Immunsystem sich in Gang gesetzt hat, um die Infektion zu stoppen. Aber selbst Fieber kann einen lebenden Organismus nicht töten, es sei denn, es gibt dabei ernsthafte Komplikationen.

Wir sehen also, es wäre relativ einfach, unsere Nanofabriken mit einer simplen Kühlung zu versehen, ohne dabei gleich einen thermischen „Supergau" befürchten zu müssen.

Genauso wie in der Makrowelt, werden Molekularmaschinen ferner auch sicherlich verschiedene Generationen durchlaufen. Zuerst müssen wir nämlich ein Interface herstellen, mit dem man die erste Generation von Nanomaschinen und -computer überhaupt herstellen kann. Dieses Interface wurde bereits entwickelt, um an einem Labortisch sitzend, direkt in die Atome und Moleküle einer Arbeitsoberfläche eingreifen zu können. Dabei bedient ein Mitarbeiter einen Joystick an seinem Arbeitstisch und verfolgt die Manipulationen einer 1 Mikrometer großen Probe auf seinem Bildschirm. Durch die Handhabung des Joysticks, wird eine nanometrische Bewegung in einem Scanning-Tunnelmikroskop oder einem Kernresonanzmikroskop ausgelöst, dessen materielle Spitze sich auf der Probe befindet. Die Spitze des Mikroskops kann dabei auf ein spezifisches Atom gesteuert werden, es eindrücken, entfernen oder ersetzen. Die bedienende Person arbeitet in diesem Fall in einem Umfeld virtueller Realität, in einem Maßstab von 1 zu einer Million, und übt dabei die verschiedensten Tätigkeiten aus. Das gesamte System ist computergesteuert und die Handhabung der Proben kann dabei sogar noch vor dem tatsächlichen Eingriff programmiert werden. Natürlich ist auch ein manueller Modus vorgesehen, bei dem der Anwender auf Wunsch in die Welt der Atome eingreifen kann (in diesem Fall hat die Realität die Theorie bereits schon eingeholt, indem der Begriff Nanotechnologie sich zwar anfänglich nur auf Moleküle bezog, es aber nun schon möglich ist, selbst einzelne Atome zu manipulieren).

Der Nanomanipulator hat bereits völlig neue Erkenntnisse in der Biologie, den so genannten „neuen Materialien", bei Kohlenstoff-Nanotuben (siehe dazu das Kapitel „Smarte Materialien"), in der Elektronik und bei Quantenaggregaten (siehe dazu das Kapitel „Quantencomputer") gebracht. Eine letztere Version des Nanomanipulators – die Nanoarbeitsbank – erlaubt es mittlerweile, selbst Kohlenstoff-Nanotuben zu untersuchen, Nanorisse darin zu verlöten; Adenovirus-Partikel zu erforschen, um sie z. B. als Informationsträger bei Bakterien anzuwenden; kolloidale Partikel in pure Materialien einzusetzen, um u. A. bessere Halbleiter herstellen zu können; usw.

Auf dem Bildschirm kann die Bedienerperson bereits 15 Nanometer große Objekte auf einem 1 Mikrometer großem Areal manipulieren. Dabei wurde die Höhe gegenüber der Breite des Areals um ein Fünffaches vergrößert, um die Unregelmäßigkeiten der Oberflächenstruktur besser erkennen zu können. Es können auch verschiedene Polymere in einer ganz bestimmten Reihenfolge verbunden werden, um ein Material zu schaffen, das es in der Natur so nicht gibt und das vorprogrammierte Eigenschaften besitzen kann. Was das bedeutet, kann man sich leicht vorstellen: Kunststoffe, die nicht knicken, verbrennen oder reißen, sich aber auch von selber löschen, löten oder wiederherstellen können; Viren, die einen Menschen nicht mehr infizieren können, oder solche, die eine gefährliche Bakterie praktisch auszulöschen vermögen; Materialflächen, wie z. B. die Oberfläche eines Autos, die nicht mehr mit einer Farbschicht besprüht werden müssen, sondern die winzig kleine Rillen besitzen, die das Sonnenlicht aufteilen und so, reine chromatische Farben, wie bei einem Schmetterling, hervorrufen; und vieles, vieles mehr.

Die zweite Generation von Nanomaschinen wird auf Nanosystemen beruhen, die mit dem oben erwähnten Manipulator oder ähnlichen Arbeitsbänken hergestellt werden. Stellen wir uns einmal vor, wir bauen molekulare Räder, Transportbänder, Computer, usw. und verbinden sie in der Form einer einfachen Nanofabrik – so ähnlich wie in einer lebenden Zelle. Die Fabrik wäre in diesem Fall nicht größer als einen Kubikmikrometer, hätte aber die Fähigkeiten einer ganzen Fabrikanlage. Replikatoren würden verschiedene Teile replizieren, duplizieren und weitergehend vervielfältigen. Assembler würden dann all diese Teile zusammenbauen und nach von Nanocomputern gesteuerten Modellen geeignete Systeme zusammenstellen, die alles Mögliche verrichten können.

Auch die eigentliche Kontrolle solcher Nanofabriken könnte man aus der Welt der Biologie ableiten. Bei lebenden Zellen , wird das DNS anhand von Polymerasen vervielfältigt. Es gibt aber auch Restriktionsenzyme, die die so erzeugten DNS-Stränge untersuchen und falsche Nukleotide (das sind Bausteine der DNS) ausschneiden, um den Strang dann wieder korrekt zusammenfügen, nachdem die falschen Bausteine ersetzt worden sind. Wir könnten also auch Enzyme oder andere Moleküle herstellen, die gewisse Sequenzen der Programmierung von Nanocomputern erkennen, und falsche Sequenzen durch korrekte ersetzen. Dadurch könnte die Anzahl an Fehlern in einer so erstellten Nanosoftware drastisch reduziert werden.

Eine dritte Generation von Nanomaschinen wäre dann imstande, sich selbst zu replizieren, zu programmieren und gewisse vorbestimmte Funktionen auszuführen. So könnten wir z. B. Nanofabriken zum Mars schicken und sie dort aussetzen, damit sie für uns in relativ kurzer Zeit (vielleicht ein paar Jahrzehnte), ein so genanntes „Terraforming" oder andere schwierige Funktionen durchführen.

Beim Terraforming würden die vorprogrammierten Nanomaschinen zuerst das Kohlendioxyd anhand von Katalysatoren und Wasserstoff (dem häufigsten Element im Universum) wieder in Kohlenstoff und Wasser aufspalten, das seinerseits elektrolytisch wiederum in Wasserstoff und Sauerstoff gespalten werden kann. Der Wasserstoff würde dann wieder für die Reduktion des Kohlendioxyds benutzt, so dass die Häufigkeit des Wasserstoffs immer weiter abnehmen, und die des Sauerstoffs immer weiter zunehmen würde.

Wenn die Zusammensetzung der Gase dann im Laufe der Zeit irdische Werte angenommen haben, löst sich unter den Nanomaschinen der Befehl aus, sich selbst zu zerstören oder sich zu einem großen reglosen Klumpen zusammenzufinden, um das Ende der Prozesse einzuleiten. Menschen würden dann auf dem Mars landen und die restliche Arbeit erledigen. Es müsste sicherlich vieles aufgeräumt werden, aber die

Luft wäre für den Menschen wieder atembar. Wir könnten daraufhin auf dem Mars Gemüse anbauen, Tiere züchten, aber auch archäologische bzw. paläontologische Ausgrabungen durchführen – zum ersten Mal in der Geschichte der Menschheit, außerhalb der Erde. Und vielleicht würden wir ja dabei sogar etwas interessantes entdecken...

Ein anderer Aspekt der Nanotechnologie, abgesehen von der oben erwähnten Arbeitsweise, ist z. B. auch die hohe Qualität der hergestellten Produkte. Denn das Erzeugnis einer Gruppe von Nanomaschinen hat nicht viel gemeinsam mit den Produkten, die wir heutzutage in unseren Fabriken herstellen. Da Nanomaschinen auf molekularer Ebene arbeiten, liegt ihr Qualitätsstandard auch auf molekularer Ebene. Das bedeutet, wenn eine Nanomaschine ein Produkt herstellt, können beim Endprodukt zwar gewisse Unregelmäßigkeiten in der generellen Form auftreten (vor allem zu Beginn dieser Technologie). Aber in Sachen Dichte, Festigkeit und Widerstandsfähigkeit wären Nanoprodukte den Heutigen weit überlegen.

Da Moleküle und Atome von Nanomaschinen praktisch aneinander gereiht werden, sind Materialfehler in solchen Produkten winzig klein und können zudem auch etwa durch Nanolöten auf atomares Niveau gebracht bzw. vollständig eliminiert werden. Das bedeutet weiterhin, dass ein solches Nanoprodukt nur ein Zehntel der Masse eines heutigen Produkts benötigt, um die gleiche Widerstandsfähigkeit zu besitzen. Ein Auto aus Nanomaterial würde also nur noch in etwa 100 Kg wiegen, und doch die selben Eigenschaften wie ein heutiges Auto haben. Nun – die selben natürlich nicht – sondern viel bessere: Das Nanoauto würde z. B. nur noch ein Zehntel an Benzin verbrauchen, da es ja viel leichter wäre. Das Material würde darüber hinaus so perfekt sein, dass es praktisch unverwüstlich wäre. Es hätte keine Mikrorisse und Fehler mehr, wo der Sauerstoff der Atmosphäre ansetzen und die Karosserie oxidieren könnte. Nanoautos würden fast ewig rostfrei bleiben. Wir hätten bei diesem Beispiel jedoch Probleme mit heftigen Windböen. Ein leichtes Auto könnte nämlich auch leichter umkippen. Dessen ungeachtet sind aber die Aussichten von Nanomaterialien überwältigend.

Nanoprodukte decken sich übrigens auch sehr gut mit der heutigen Tendenz, Produkte aus immer weniger Einzelteilen herzustellen. Zuerst wurden Produkte aus vielen Einzelteilen, wie Schrauben und Platten, hergestellt. Dann kam eine Verringerung der Einzelteile durch modulare Bauweisen. Es sind nicht mehr Tausende von Einzelteilen erforderlich, um ein Auto zusammenzubauen, sondern nur noch Hunderte von Module. Das selbe ist auch auf andere Produkte übertragbar.

Diese Evolution endet natürlich dann, wenn nur ein einziges Bauteil für ein Produkt erforderlich ist: Nämlich das Produkt selber. Und genau dies ist eines der Ziele der molekularen Technologie. Nanomaschinen fügen in ein einziges Modul alle vorprogrammierten Strukturen eines Produktes ein, so dass das erste und einzige Produkt, das entsteht, bereits das Endprodukt ist. Und das sind wahrhaftig überwältigende Aussichten!

Das kann man sich nämlich folgendermaßen vorstellen: In einen Reaktor werden Flüssigkeiten geladen, mit allen chemischen Substanzen, die für die Herstellung eines bestimmten Produkts erforderlich sind. Dann wird eine Suspension von vorprogrammierten Nanomaschinen und Nanocomputern in den Reaktor gegeben. Bei einer bestimmten Temperatur beginnen die winzigen Maschinen aktiv zu werden. Dabei replizieren sie z. B. lange Kohlenstoff- bzw. Diamantfasern aus Kohlenwasserstoffen oder Carbonaten. Assembler fügen dann diese Fasern zusammen und unter Aufsicht verschiedener Kontrollebenen von Nanocomputern, werden die Fasern zu einer ganzen Karosserie zusammengefügt. Andere Nanomaschinen schneiden dann auf die Karosserie kleine Rillen, die später das weiße Sonnenlicht aufspalten und ihr Farbe verleihen, so dass die Karosserie keinen Lack mehr benötigt. Aber die Karosserie ist hierbei kein Endprodukt: Da sie mit der gesamten Nanomaschinerie in einer Lösung steckt, beginnen weitere Nanomaschinen bereits mit dem Einbau von Achsen, Motoren, Kurbelwellen, Auspuffrohren, Windschutzscheiben, usw. Dabei sind alle diese Teile nicht etwa verschraubt oder gelötet, sondern sie bilden mit der Karosserie eine einzige molekulare Einheit.

Diese Produktion kann bis zu einem gewissen Grad vorangetrieben werden. Nehmen wir einmal an, das Gummi der Reifen ließe sich auf solch eine Weise nicht montieren. Dann müssten wir die Herstellung so weit vorprogrammieren, dass sie beim Erreichen der Räder und anderer unmöglicher Bestandteile aufhört. Diese würden dann einfach per Hand oder mit konventionellen Maschinen nachträglich eingebaut werden.

Unser Produkt wäre jedoch mit einem heutigen Auto aus vielen Bestandteilen nicht mehr vergleichbar. Wenn wir die Karosserie aus dem Reaktor holten, müssten wir sie mehrmals waschen, um alle chemischen Substanzen und die Suspension von Nanomaschinen zu entfernen. Das saubere Produkt wäre dann für uns wie ein Wunderwerk: Eine Karosserie mit Motor, Auspuff, Achsen, usw. – alles aus einem einzigen Stück.

Die Oberfläche würde glänzen, als ob man sie mit einer Hochleistungs-Schleifmaschine viele Monate lang poliert hätte. Denn das Material wäre bis auf wenige atomare Fehler praktisch perfekt. Einzelteile wären nicht mehr mit Schrauben und Nähten zusammengefügt, sondern bildeten eine Einheit, die so unzerbrechlich wäre, wie es eben Kohlenstoff- bzw. Diamantfasern sind: Praktisch unverwüstlich. Autos würden nicht mehr aus vielen Hunderten, sondern nur noch aus wenigen Dutzenden Teilen bestehen – wie auch alle anderen Produkte, die so hergestellt würden, wie Flugzeuge oder Flugzeugteile, sogar Teile von Raumschiffen, Teile von Schiffen, ganze Boote, Häuser, etc.

Dabei würden die Nanomaschinen stets das am besten geeignete Material herstellen, und zwar Atom für Atom. Aluminiumoxyd etwa in seiner Form als Rubin; Beryllium als Smaragd; Kohlenstoff als Diamant oder Grafit; usw. Die so entstandenen Karosserien, Armaturen und Gehäuse, wären außerordentlich hart und unverwüstlich wie Diamant, oder eben geschmeidig und flexibel wie Grafitfasern. Und anhand eines computergesteuerten ultraschnellen Nanomanipulators könnten so, Schicht um Schicht, perfekte Platten, Rohre, Scheiben oder Sphären erzeugt werden, als ob sie perfekte Kristalle wären und nicht nur ein einfaches Bauteil.

Es gibt in diesem Sinn bereits Nanoscheiben aus durchsichtiger Keramik, wo die Atome so angeordnet wurden, dass sie das Licht durchlassen. Daneben hat diese Keramik auch die wünschenswerte Eigenschaft, hohen Temperaturen zu widerstehen. Man kann somit sensible Gegenstände anhand dieser Scheiben vor einer Außentemperatur von bis zu 4000°C schützen. Solch widerstandsfähige Stoffe werden sicherlich in den nächsten Jahren für Keramikplatten von Raumfähren und den bereits sich im Projekt befindlichen Raumgleitern (das sind Flugzeuge, die aus der Atmosphäre emporsteigen, um schneller zu fliegen und Kraftstoff zu sparen) verwendet werden, um sie beim Wiedereintritt in die Erdatmosphäre vor den hohen Temperaturen der Reibungswärme zu schützen.

Natürlich ist es noch ein weiter Weg bis zu diesem Punkt und es werden sicherlich noch viele Experimente und falsche Anläufe erforderlich sein, um ein Produkt aus einem einzigen Stück anhand von Nanomaschinen herzustellen. Aber die Evolution macht vor nichts halt und obiges Szenario wird sich sicherlich in den kommenden Jahrzehnten realisieren lassen. Die Entwicklung der diesbezüglichen Nanomaterialien wird bereits in vielen Industrieländern vorangetrieben.

Die Welt der Nanotechnologie ist ferner eng verbunden mit den so genannten „neuen Materialien", die weiter unten im Kapitel „Smarte Materialien" beschrieben werden. Eine Kombination aus Nanotechnologie und neuen Materialien, wie Nanotuben und Fullerene, ergibt zudem ein Szenario, das wir uns heute noch gar nicht recht vorstellen können und in dem wir z. B. Antimaterie in Buckyballs (große molekulare Sphären) praktisch „in unserer Hosentasche" transportieren können. Andererseits, eine wahrhaftig schauerliche Vorstellung, wenn diese Technologie in die falschen Hände gerät!

3. Quantenmaschinen

Bisher sind unsere Maschinen nur in der Lage, die makroskopischen Eigenschaften von Materialien (z. B. von Stahl) zu nutzen, um etwa in Form einer Schneide, verschiedene andere weichere Materialien, wie Holz, Blech, Kupfer etc., zu durchschneiden. Auch verfügen wir über Maschinen, die elektrischen Strom (das ist ein Fluss von Elektronen, etwa innerhalb eines dünnen Kupferleiters) in Bewegung setzen, um Arbeit, Licht oder Wärme zu erzeugen. Andere wiederum sind in der Lage, Informationen auf Datenträgern zu speichern (Rechner), um diese auf multiple Weise zu manipulieren. Information wird seit dem Computerzeitalter auch für die Steuerung von anderen Maschinen (z. B. Werkzeugmaschinen) benutzt. Dabei kann das Profil eines Metallteils im Rechner gespeichert und anhand von Werkzeugmaschinen exakte Kopien der virtuellen Matrix hergestellt werden. Das heißt, es werden Daten sozusagen einem materiellen Körper zugeordnet.

Aber all diese Eigenschaften wie Härte, Schliff, Perforierung, Farbe, Form, Länge, Breite, Tiefe etc. sind makroskopische Eigenschaften. Mikroskopische Eigenschaften hingegen sind winzigen Maschinen oder Werkzeugen eigen, wie z. B. kleinen U-Booten, die zukünftig in unserer Blutbahn Ablagerungen auflösen werden, oder etwa dem Räderwerk einer meisterhaft kleinen Uhr. Die im Kapitel „Nanotechnologie" erwähnten Nanomaschinen haben bereits außerordentliche Eigenschaften gegenüber den herkömmlichen Maschinen (sie benötigen z. B. kein Schmieröl mehr), aber sie sind im Prinzip nicht dazu gedacht, um die in diesem Kapitel angebahnten Quanteneffekte nutzen zu können (Quanteneffekte sind eine Eigenschaft von Elementarteilchen wie Elektronen [Strom], Photonen [Licht] und Protonen [Wasserstoffionen]). Und um diese außerordentlichen Quanteneffekte nutzen zu können, benötigen wir so genannte Quantenmaschinen.

Das bedeutet aber nicht, dass Quantenmaschinen atomare Größe haben werden (das ist ein anderes Unterthema der Nanomaschinen, sprich: „Picomaschinen"), sondern ganz im Gegenteil: Sie werden relativ groß, obwohl natürlich so miniaturisiert wie möglich sein. Der Name „Quantenmaschine" hat in diesem Fall nichts mit der Größe zu tun, sondern bezieht sich darauf, dass Quanteneffekte erzeugt und angewendet werden, um ein gewisses Ziel zu erreichen. Durch diese Quanteneffekte werden Maschinen im Allgemeinen wesentlich schneller und leistungsfähiger sein, als wir uns je hätten träumen lassen. Denn in der Welt der Elementarteilchen geht es nicht um Farbe, Härte oder Schliff, sondern um Quantenphänomene wie Elektronen-Tunnelling, Quantenpunkte („quantum dots" im Englischen), Ionenfallen („trapped ions"), Elektronenspin, Kernspin, superleitfähige Inseln, Mikrorohre etc., deren Eigenschaften bzw. Auswirkungen sich bereits auf einer Skala von 0,1 Mikrometern (einem Zehntausendstel Millimeter) zu zeigen beginnen.

Aber was bringt uns diese erneute Komplikation?

Nun, man sagt, Elementarteilchen bewegen sich nicht nur innerhalb unserer Welt, sondern auch in anderen Dimensionen, die für uns zu klein sind, um sie zu erreichen bzw. zu sehen. Elektronen und andere Partikel können aber wegen ihrer Beschaffenheit als Elementarteilchen in diese Dimensionen (bis zu 10 verschiedene Dimensionen soll es geben) hinein schlüpfen und somit in unserer Welt wahre „Wunder" vollbringen. Und eines dieser Wunder ist das so genannte „Tunneling".

Beim Tunneling springt ein Elementarteilchen – egal, ob es sich hierbei um ein Elektron oder ein Photon handelt – durch einen Hohlleiter oder einem komplexen, perfekten Spiegel und erreicht einen anderen Punkt in *Nullzeit*. Das heißt, der Sprung hat keine Zeit in Anspruch genommen. Wenn man dieses Phänomen mit der Relativitätstheorie in Verbindung bringt, muss man davon ausgehen, dass das Elementarteilchen sogar schon am Bestimmungsort angelangt war, bevor es überhaupt anfing zu tunneln.

Diese und ähnliche scheinbare Paradoxa sind aber nicht mehr solche in der Raumzeit, wo Raum und Zeit eine untrennbare Einheit bilden. Es gilt hier das Prinzip: Alles was geschehen kann, wird geschehen!

Man muss ferner nicht unbedingt an Einstein glauben, um die Flexibilität der Zeit zu verstehen. Zum selben Schluss kommt man auch, wenn man einfach vermutet, die Zeit würde überhaupt nicht existieren bzw. sie wäre keine Dimension, auf der man hin- und herreisen könnte. (Siehe dazu auch mein Buch „Raumfahrzeuge der Zukunft", wo vermeintliche Zeitphänomene anhand gewöhnlicher physikalischer Prinzipien erklärt werden, wie z. B. die Verringerung der Zerfallsrate eines Isotops in einer Atomuhr auf Grund einer durch die erhöhte Geschwindigkeit größeren Stabilität).

Wir wollen uns hier jedoch auf die Auswirkungen der besagten Quantenphänomene beschränken und nicht über ihre Herkunft diskutieren. In dieser Hinsicht ergeben sich also u. A. eine Reihe direkter Anwendungen für das oben erwähnte Tunneln. Nämlich die Herstellung von Schaltkreisen, die praktisch bei Nullzeit funktionieren.

Doch, wie erzeugt man solche Phänomene?

Wenn wir z. B. einen Hohlleiter (das ist, simpel ausgedrückt, ein kleines hohles Rohr) nehmen und ihn mit einem konzentrierten Strahl Radio- oder Mikrowellen fluten, können wir unter Umständen messen, wie zumindest ein Teil der elektromagnetischen Wellen die Lichtgeschwindigkeit überschreitet und zum Ausgang des Hohlleiters tunnelt, ohne dabei irgendwelche negativen Phänomene zu erzeugen bzw. die Versuchsanordnung zu zerstören. Es handelt sich hierbei um einen reinen Quantensprung – vielleicht, wie oben erwähnt, durch eine höhere Dimension, die wir nicht sehen können, die aber existiert oder die im Hohlleiter erzeugt wird. Man redet in diesem Sinn auch von Gruppengeschwindigkeit. Das heißt, es handelt sich für einige Forscher um eine reine und unvollständige Informationsübertragung, ohne dass dabei die grundlegende Physik verletzt wird, die besagt, dass die Lichtgeschwindigkeit nicht überschritten werden kann.

Man kann aber auch materielle Körper wie Elektronen zum Tunneln bringen, indem an beiden Enden eines Hohlleiters zwei Elektroden aufgestellt werden. Zwischen den beiden Elektroden befindet sich ein kleines Stück Materie im Hohlleiter, das Elektronen produziert. Wenn dann eine Spannung erzeugt wird, dessen Potenzial über dem der Hintergrundwärme liegt, werden die Ladungen des besagten Stückchens Materie quantifiziert. Das heißt, es offenbaren sich uns die Quanteneigenschaften der Ladungen (Elektronen und Protonen). Dabei können Elektronen durch den Hohlleiter hindurch tunneln, indem sie gewissen Forschern nach zu urteilen, vermutlich „verbotene Wege" im Raumzeitgefüge beschreiten. Dabei ist der besagte „Sprung" eines Elektrons der beste Beweis, dass die Überlichtgeschwindigkeit doch existiert.

Das Materiestück, das für diese Zwecke benutzt wird, ist kleiner als 3 nm, muss also ein Nanopartikel sein. Solche Nanopartikel werden heutzutage vielerorts künstlich hergestellt und es gibt bereits eine ganze Reihe von Herstellungsmethoden für eine Vielzahl von verschiedenen Nanopartikeln: Wenn z. B. eine Folie aus organischen Cadmium-, Quecksilber- oder Bleisalzen einer Schwefelwasserstoffatmosphäre ausgesetzt wird, werden u. a. Schwermetalloxyde mit einer Körnchengröße von 2-10 nm erzeugt. Diese Nanopartikel können sogar auf der Spitze eines Scanning-Tunnelling-Mikroskops erzeugt werden. Dieser Apparat ist in Wirklichkeit ein Nanomanipulator wie die Arbeitsvorrichtung, die bereits oben beschrieben wurde. Die Partikel an der Spitze des Mikroskops werden dann zu einem beliebigen Ort gebracht und auf den Nanometer genau platziert.

Nanopartikel besitzen in diesem Fall die Eigenschaft, dass man die Elektronen in ihnen individuell manipulieren kann, so als wären sie Spielzeugbälle. Auf diese Weise entstehen u. A. monoelektronische Ladungen (das sind Ladungen, die aus nur einem einzigen Elektron bestehen), deren elektrische Felder verschiedene Reichweiten haben können, je nachdem, wie groß das betreffende Partikel ist. So kann die Ladung wie durch einen Widerstand abgeschirmt werden oder, wie im Bohr'schen Atommodell vorgesehen, eine stufenweise Verringerung der Spannung bei Erhöhung der Entfernung zum Nanopartikel erreicht werden. Das heißt, die Umgebung des Nanopartikels gleicht dann der eines riesigen Atoms, dessen Umfeld quantifiziert ist und dessen elektrisches Feld nur in gewissen Abständen vom Nanopartikel existiert, so als wären es die Umlaufbahnen von Elektronen, eben in einem Atom. Zwischen zwei aufeinanderfolgenden Feldlinien dieses Nanopartikels gibt es also keine elektrische Kraft.

Diese außergewöhnlichen Eigenschaften (die Übertragung der elektrischen Eigenschaften eines Atoms auf ein Nanopartikel) können dann dazu genutzt werden, um z. B. Tunneling-LED's, Tunneling-D-RAMs oder monoelektronische Transistoren herzustellen, welche die Eigenschaften individueller Elektronen nutzen, um z. B. durch ihre Schalteigenschaften den elektrischen Strom enorm und präzise zu verstärken bzw. zu regeln.

Ein weiteres Quantenphänomen sind z. B. die Schwingungen von eingefangenen Ionen. Bei diesen so genannten „Ionenfallen" handelt es sich u. A. um kleine Hohlräume, in denen Ionen (also geladene Atome oder Moleküle) einer Schwingung ausgesetzt werden (in einem so genannten „Resonator"), welche die Ionen innerhalb gewisser Grenzen festhält. Da die Ionen nicht aus der Falle entweichen können,

können sie dort direkt manipuliert werden. Dabei werden die Ionen u. A. anhand von geregelten Laserimpulsen in konkrete Schwingungen versetzt, so dass eine Manipulation der Quantenzustände möglich ist. Es ist leicht, sich vorzustellen, dass, wenn wir alle nur erdenklichen Quantenzustände in einer Ionenfalle erzeugen können, diese eine zuverlässige Referenzquelle ergeben werden. Das heißt, man kann dann genau vorhersagen, wie die Ionen sich verhalten werden. Und diese absolute Gewissheit würde es uns weiterhin erlauben, ganze Maschinen – ja sogar ganze Computersysteme – auf Grund solcher Ionenfallen herzustellen, die dann mit einer heutzutage noch unvorstellbaren Präzision arbeiten würden.

Es muss dazu jedoch noch erwähnt werden, dass derartige Quantenphänomene derzeit nur bei sehr tiefen Temperaturen möglich sind, nämlich bei fast dem absoluten Nullpunkt (-273° C). Das kommt daher, weil selbst die alles umhüllende Umgebungswärme (das ist u.a. die Wärme, die wir von der Sonne empfangen) die Atome zu erregen vermag und sie dabei zum Schwingen bringt. Dadurch können falsche Signale ausgelöst werden und ein ungeschütztes Gerät würde nicht mehr zwischen dem Hintergrundgeräusch (Umgebungswärme) und den eigentlichen Quantenphänomenen (Position und Bewegung eines Elektrons etc.) unterscheiden können. Es ist aber vorhersehbar, dass genauso wie bei der Superleitfähigkeit (ein Zustand der Materie, der bei tiefen Temperaturen erreicht wird, wobei der elektrische Strom ungehindert durch die Materie fließen kann) auch bei Nanopartikeln mit der Zeit ein Material gefunden wird, das auch bei höheren Temperaturen noch die selben Eigenschaften besitzt wie andere Materialien beim absoluten Nullpunkt (bei der Superleitfähigkeit waren es gewisse Keramiken, die schon ab -70° C superleitfähig, aber als Nanopartikel noch sehr schwer herzustellen, sind).

Im Hinblick auf die Halbleitereigenschaften von Silicium, werden bereits nanokristalline Siliciumpartikel hergestellt, indem man z. B. Silan (eine analoge Verbindung zu Kohlenwasserstoffen, die aus Silicium, anstatt aus Kohlenstoff besteht) einer hohen Frequenz aussetzt. Dabei wird Wasserstoff in ein Silanplasma eingespritzt (so ähnlich wie bei einen Einspritzmotor), um das Silicium aus dem Silanplasma heraus zu fällen. Es entsteht somit eine Siliciumwolke – so ähnlich, als wenn ein Glas Milch sauer wird. Und wenn dann der Wasserstoffstrahl wieder abgestellt wird, beginnen die Siliciumatome, wie in einem Schneekristall zu wachsen und bilden letztendlich nanokristalline Siliciumpartikel, die für Quantenpunkte verwendet werden können.

Solche Siliciumpartikel lassen sich selbst bei Raumtemperatur auf jede beliebige Oberfläche auftragen. Eine Siliciumwolke wird dabei durch den Wasserstoff im Reaktor gefällt, wodurch die so erzeugten Nanopartikel sich auf einer beliebigen Oberfläche ablagern. Man erhält so, auf eine natürliche Weise, perfekt beschichtete Materialien, die dank ihrer kristallinen Perfektion in verschiedenen Messinstrumenten wie Fotodetektoren, elektrischen Messgeräten usw. verwendet werden können. Mit einem Tunneling-Elektronenmikroskop können diese Nanopartikel aber auch beliebig zu Nanopunkten für den Datenaustausch zusammengefügt werden – das ist eine Ansammlung von Nanopartikeln, mit denen auf geringstem Raum alle heutigen elektronischen Funktionen emuliert werden können. Zukünftige Prozessoren und elektronische Schaltkreise werden also viel kleiner und schneller werden als die heutigen.

Weiterhin können auch hauchdünne (ca. 6 Angström dicke) Folien aus Nanopartikeln hergestellt werden, indem z. B. organische Schwermetallsalze in einer Schwefelwasserstoffatmosphäre zersetzt werden. Nach dieser Behandlung löst man die frei gewordenen Fettsäuren mit organischen Lösungsmitteln und erhält daraus eine Folie aus puren Naopartikeln bestehend aus Schwermetallsulfiden. Unter gewissen Bedingungen sind diese Nanopartikel weiterhin in der Lage, sich automatisch auf Grund ihrer Ladungen zusammenzufügen. Es entsteht somit eine durchgehende Folie, mit der Eigenschaft eines perfekten Kristalls. Und wenn man verschiedene dieser Folien aufeinander stapelt, erhält man kleinste Halbleiter, die nicht dicker sind als nur wenige Atome. Diese Halbleiter sind dann der Grundstein für neuartige Dioden oder Tunnelingmaterialien, die morgen die Welt der Steuerungen und der Computer revolutionieren werden. Dabei wird das Tunnelling-Phänomen durch die Anwesenheit differenzierter Zonen negativen Widerstandes erzeugt. Der negative Widerstand wiederum erlaubt es Elektronen, sich so zu bewegen, als ob sie nicht in unserem Universum wären – nämlich mit Überlichtgeschwindigkeit.

Möglicherweise wird durch die so erzeugte Resonanz zwischen zwei verschiedenen Wellenlängen die Raumzeit derartig gekrümmt, dass Elektronen durch sie hindurchschlüpfen können. Das Resultat ist, Elektronen überwinden in praktisch Nullzeit den Abstand von einer Folie zur anderen. Derartige Dioden sind unseren heutigen Dioden bei weitem in Geschwindigkeit und anderen Eigenschaften überlegen. Detektoren, die über solche Elemente verfügen, könnten z. B. das Herunterfallen einer Stecknadel auf der anderen Seite der Erde feststellen – vorausgesetzt natürlich, es gäbe keine weiteren Nebengeräusche. Daher ist es sicherlich der Weltraum, mit seiner unendlichen Weite und relativen Stille, wo wir diese Technologie am besten werden anwenden können.

Je nachdem, wie Nanopartikel zusammengefügt werden, kann daraus eine ganze Reihe verschiedener makroskopischer Materialien entstehen. So wurden bereits mit Fullerenen (eine dritte Erscheinungsart des Kohlenstoffs, nach dem Grafit und dem Diamant) verschiedene Nanopartikel wie Röhrchen, Konusse, Sphären und Ähnliches hergestellt. Je nach Geometrie, Drehrichtung der Moleküle und weiterer Zusatzstoffen kann man aus dieser Art Kohlenstoff Materialien erzeugen, die einem Metall oder einem Halbleiter, einem Magneten oder einem Superleiter, einem flexiblen Rohr oder dem härtesten aller Kabel ähneln.

Durch eine Verbindung der zuvor genannten elektrischen Eigenschaften solcher Nanopartikel mit den mechanischen Eigenschaften neuer Materialien sollen die neuen Maschinen der Zukunft entstehen. Solche Maschinen wären logischerweise praktisch unverwüstlich und man könnte sie an jede nur erdenkliche Situation anpassen. Ein derartiger Computer wäre etwa in der Lage, von einem dritten Stockwerk zu fallen und nach dem Aufprall uns noch ganze Dateien vom Internet herunterzuladen.

Das heißt, er würde nicht zerstört werden, wie es mit derzeitigen Computern geschehen würde.

Eine Selbstreparaturfunktion, wie sie im Kapitel „Nanotechnologie" beschrieben wird, könnte zudem kleinste Risse und Prellungen automatisch beseitigen und den Computer – oder welche Maschine auch immer – tadellos wieder in den Originalzustand zurückversetzen. Solche Selbstreparaturfunktionen sind nicht etwa eine Erfindung von Science-Fiction-Autoren, sondern man findet sie sogar in der Bibliografie der NASA, z. B. bei Raumschiffen mit Sonnensegeln. Wenn diese Raumschiffe nämlich durch den Weltraum reisen, ist die Wahrscheinlichkeit gegeben, dass die enorm großen Sonnensegel von kleinen Meteoriten getroffen und durchlöchert werden. Eine ganze Schar von kleinen Reparatursonden würde dann diese Einschlaglöcher wieder zuschweißen. Wenn wir diese Reparatursonden miniaturisieren, das heißt sie auf Nanoebene reduzieren, besitzen wir eine kleine Armee, die effektiv die Reparatur von heruntergefallenen Maschinen durchführen könnte.

Die Grundlage der erwähnten Quantencomputer sind so genannte Quantenpunkte (engl.: „quantum dots"). Jeder dieser Quantenpunkte hat die Eigenschaft, auf Grund von gewissen Manipulationen Elektronen einzufangen. Wenn vier solcher Quantenpunkte in einem Quadrat aufgestellt werden und man einen schwachen elektrischen Strom hindurchfließen lässt, werden zwei zusätzliche Elektronen eingefangen und platzieren sich in einer Diagonalen zwischen je 2 Quantenpunkten. Dabei stoßen sich die Elektronen der Quantenpunkte und die zusätzlichen 2 Elektronen elektrostatisch durch ihre gleichen Ladungen ab und es entstehen verschiedene Konfigurationen, je nachdem, in welcher Diagonale sich die beiden eingefangenen Elektronen befinden. In einer ähnlichen Weise wie bei Mikroprozessoren, wo die Abwesenheit bzw. Anwesenheit einer Spannung eine logische 1 oder 0 bedeutet, so bedeutet auch in einem solchen Quantenprozessor die jeweilige diagonale Ausrichtung des Elektronenpaars eine logische 1 oder 0.

Wenn Quantenprozessoren hintereinander bzw. in Reihe geschaltet werden, bedarf es lediglich einer winzigen Anfangsspannung, um den ersten Prozessor zu laden. Dieser überträgt dann (wie experimentell bereits bestätigt) ohne jeglichen zusätzlichen Energieaufwand seine Ladung auf die anderen Prozessoren, bis alle Prozessoren die selbe logische Konfiguration (logische 0 oder 1) haben. Da Quantenprozessoren – im Gegensatz zu den heutigen Mikroprozessoren – auch dreidimensional aufeinandergereiht werden können und die Größe einer jeden solchen Schaltung zumindest um ein Tausendfaches geringer, aber die Geschwindigkeit viel höher ist als bei derzeitigen Mikroprozessoren, kann man sich leicht die Zukunft unserer Rechner vorstellen.

Es wird vorhergesagt, dass es bereits in 15 Jahren Quantencomputer auf unseren Schreibtischen geben wird. Es ist bereits ein Projekt im Gange, um das Internet ca. 1 Million mal schneller zu machen als heutzutage. Heute sind wir bereits bei der Vermarktung von Internetanschlüssen, mit denen man ein Video praktisch in Echtzeit herunterladen kann. Mit Quantentechnologie könnte man theoretisch sogar ein Video heruntertunneln, bevor man überhaupt den Befehl dazu gegeben hat.

Diesen unerwünschten Zeiteffekt, von vielen Autoren als Kuriosität mitgeschildert - falls er wahrhaftig existieren sollte - müssten wir allerdings noch eliminieren. Denn sonst würden alle Rechner auf der Erde „Verrückt" spielen, und wir könnten sie nicht mehr kontrollieren. Da aber solche Szenarien in der Natur nicht aufzutreten scheinen, scheint es also schon aus logischer Sicht so zu sein, dass das Fehlen einer Ursache - z. B. einen Knopf zu drücken - keine Auswirkungen (Effekt) haben kann, wenn wir den Knopf noch nicht gedrückt haben (Ursache-Wirkungs-Prinzip).

Dessen ungeachtet, ist die Möglichkeit der Überlichtgeschwindigkeit, die Physiker seit Einstein immer wieder mit der Idee von Zeitreisen verbinden, gar nicht von so weit her geholt. Physiker vermuten nämlich, dass alle Elementarteilchen durch uns unzugängliche Dimensionen in Verbindung stehen. Das Phänomen des Tunnelns wäre dabei lediglich die Erzeugung einer Verbindung zwischen unserer Welt und der Dimension, in der alle Elementarteilchen vereinigt sind. In meiner „Hintergrundfeldtheorie" (siehe dazu auch mein Buch „Raumfahrzeuge der Zukunft" in diesem Verlag) wird u. A. erklärt, wie wir diese Möglichkeit nutzen können, um z. B. ein Raumschiff weit über die Lichtgeschwindigkeit hinaus zu beschleunigen. Dem heutigen Wissenstand nach zu urteilen, wäre es nicht mehr korrekt zu behaupten, es gäbe eine solche Möglichkeit nicht. Mal sehn, was uns die Zukunft in bezug auf dieses heikle Thema bringt...

Wichtig ist in diesem Sinn auch noch zu erwähnen, dass während unsere heutigen Rechner noch mit Bits und Bytes arbeiten, es die Quantencomputer zukünftig bereits mit Q-Bits tun werden. Ein Q-Bit ist ein „quantum bit" (aus dem Englischen) und entspringt direkt aus den oben erwähnten quantenmechanischen Eigenschaften der Elementarteilchen. Wenn Elementarteilchen ordnungsgemäß geschaltet werden, ergeben sie Q-Bits als Informationsquelle, genauso wie elektrischer Strom Bits in einem mikroelektronischen Rechner ergibt. Die z. T. wellenförmige Natur der Elementarteilchen (Elementarteilchen haben die Möglichkeit, sich als Teilchen oder als Welle zu organisieren, je nachdem, wie wir sie betrachten) ermöglicht es diesen zudem, in verschiedenen Realitäten bzw. Zuständen zu existieren. Diese Eigenschaft ergibt sich aus der wellenförmigen Komponente der Elementarteilchen: Da eine Welle nicht wie ein Partikel auf einen Punkt beschränkt ist, ist sie ähnlich wie eine statistische Verteilung vielfältig und kann daher verschiedene Werte (Quantenzustände) zur gleichen Zeit annehmen. Daher enthält ein Q-Bit statistisch gesehen viel mehr Information als ein normaler Bit, denn da die Quantenzustände einer statistischen Verteilung unterliegen – das heißt, jeder Wert hat verschiedene Möglichkeiten –, ist jeder Zustand auch mit einer höheren Information verbunden.

Die ersten Algorithmen, die mit Hilfe von Quantenphänomenen geschaffen worden sind, zeigen bereits eine expotenzielle Erhöhung der Geschwindigkeit, mit der ein Prozessor etwas errechnen kann. Andere wiederum brauchen nur einen Bruchteil an Daten (etwa die Quadratwurzel der Anzahl an Daten, die ein gewöhnlicher Prozessor benötigt), um das selbe Resultat zu errechnen wie ein normaler Rechner. Die Rechengeschwindigkeit könnte so bei einer Datenbank mit 50 Millionen Einträgen um das 5000-fache gesteigert werden. Wie erwähnt, ist bereits in diesem Sinne u. A. ein neues Internet mit einer Geschwindigkeit, die eine Million mal schneller ist als das derzeitige, in Vorbereitung.

Ferner erzeugen Quantenprozessoren praktisch keine Wärme mehr, da kein nennenswerter elektrischer Strom fließt (bei den heutigen Schaltkreisen fließt u. A. ein Gleichstrom von 24 V), so dass bei Raumtemperatur die derzeitigen Lüfter entfallen werden, die einen Großteil des Verbrauchs unserer Rechner und Maschinen ausmachen. Zukünftige Rechner werden also viel schneller, wirtschaftlicher, kleiner und umweltfreundlicher sein. Zudem werden sie leicht in bestehende Systeme integriert werden können. Es wird somit Häuser geben, die sich selber vor Einbrechern, aber auch die Bewohner etwa vor Erdbeben schützen können.

Selbst die Ziegelsteine eines Hauses bestehen aus Materie und diese aus Elementarteilchen. Zwar ist die Information, die uns diese wild durcheinander gewürfelten Elementarteilchen geben, sehr konfus, aber selbst die konfuseste Information kann gefiltert werden, um daraus die gewünschten Daten zu erhalten. Dies, vereint mit den zukünftigen Eigenschaften der Nanotechnologie in der Schaffung ganzer Körper aus der Retorte, ergibt in diesem Beispiel letztendlich ein Haus, das in ferner Zukunft im Stande ist, sogar Millimeter um Millimeter auf festem Boden zu kriechen, um z. B. das Abrutschen in eine tiefe Schlucht zu vermeiden oder um unter einer heruntergekommenen Lawine wieder hervor zu kriechen. Die Möglichkeiten sind hier schier unbegrenzt und nur die Zeit wird uns zeigen, was sinnvoll bzw. machbar ist und was nicht.

Aber die Steuerungen und Computer der Zukunft können noch viel mehr. Es werden derzeit in diesem Sinn neue Softwarekonzepte erarbeitet, die u. A. auf dem Verhalten von Primaten beruhen. Indem eine Software etwa darauf programmiert wird, sich selektiv auf das Fundamentale zu beschränken, ist es Forschern gelungen, sie sogar mit einem Minimum an Hardware zum Laufen zu bringen. Computer können so – nur der Software wegen – schon heutzutage enorm an Gewicht reduziert werden.

Wenn verschiedene dieser primitiven Instinkte in eine Software eingegeben werden, können sie sich bei gewissen Situationen gegenseitig unterstützen und eine Reaktion auslösen, die man von solch einfachen Programmen nicht erwartet hätte. Denn genauso, wie eine einzige Ameise nicht viel verrichten kann, sie jedoch im Ameisenhaufen ganz bestimmte Funktionen ausübt, die letztendlich den Ameisen erlaubt haben, sich dank ihrer sozialen Intelligenz praktisch an alle nur erdenklichen Klimazonen anzupassen, so wären auch verschiedene einfache Softwareprogramme im Stande, sich gegenseitig zu unterstützen als ob sie Ameisen oder andere koloniale Tiere wären. Das Resultat wäre eine Kolonie aus Programmen, die alle zusammen eine höhere Intelligenz entwickeln könnten. Das bedeutet auch hier eine enorme Dateneinsparung. Die Festplatten der Zukunft werden also nicht mehr so voll von nutzlosen Programmdaten sein wie heutzutage. Programme werden viel komprimierter und leistungsfähiger werden. Die Programme von heute werden uns dann vielleicht als zu 1 % notwendig und zu 99 % überflüssig vorkommen, wenn die Programme der Zukunft erst einmal anhand von intelligenten Hyperlinks u. Ä. völlig vernetzt worden sind.

Ein anderes neues Softwarekonzept ist die so genannte „Evolution der Bytes". Dabei erstellt der Programmierer eine ganze Reihe von virtuellen Schaltkreisen oder anderer Gebilde, deren Funktionen und Eigenschaften er selber nicht völlig versteht. Eine spezielle Software testet dann diese Schaltkreise bzw. Gebilde und gibt uns an, was sie alles zu tun vermögen (z. B. anschalten, abschalten, umschalten, Weichen stellen, etc.). Die Software testet also immer und immer wieder in verschiedenen Konfigurationen all diese Schaltkreise und sortiert ständig diejenigen aus, die in den diesbezüglichen Konfigurationen etwas Bestimmtes leisten. In vielen Arbeitszyklen werden auf diese Weise die besten Schaltkreise herausgefunden und kontinuierlich durch die Software verbessert. Solche Verbesserungen beeinflussen zudem die Richtung, in der die Software die verschiedenen Schaltkreise testet. Somit ist eine gegenseitige Wechselwirkung zwischen dem Testverlauf und den Schaltkreisen gegeben (sie beeinflussen sich gegenseitig). Nach einer ganzen Reihe solcher Veränderungen und Verbesserungen gelingt es der Software schließlich, Schaltkreise zu entwickeln, die praktisch alles Mögliche zu tun vermögen.

Dieses Konzept kann praktisch unendlich weitergeführt werden. Dabei entsteht eine immer leistungsfähigere Software (die Schaltkreise in unserem Beispiel), die sozusagen aus einer Art Evolution entspringt. Es wird sogar vermutet, dass solch eine Evolution, in einem bestimmten Rahmen geführt, einer Software zudem ein Hauch von Intelligenz übermitteln könnte. Und somit wären wir bereits auf dem Weg hin zu „intelligenten" Maschinen. Schon heute müssen wir uns über diese Möglichkeit im klaren sein und die erforderlichen Maßnahmen treffen, damit uns unsere eigenen Schöpfungen nicht aus der Hand gleiten...

Ein weiterer Schritt in die Zukunft ist die Annahme, die Quantenmechanik (also, die Grundlagen aller oben erwähnten Effekte) sei mit dem Bewusstsein verwandt. Es soll nämlich laut einigen Forschern eine Verbindung zwischen den Aktivitäten in unserem Gehirn und den Eigenschaften von Quantencomputern geben. Wie wir bereits gesehen haben, laufen in Quantencomputern nicht unbedingt „alltägliche" Dinge ab. Es springen nämlich Photonen und Elektronen in den so genannten „Hyperraum" (ein Raum mit mehr als 3 Dimensionen), um nach Nullzeit in unserem Universum an einer anderen Stelle wieder aufzutauchen; und eingefangene Ionen bzw. geladene Teilchen enthüllen uns ihre gesamte Palette an Fähigkeiten, die uns letztendlich dazu befähigen, Atome, Moleküle und vielleicht sogar lebendige Wesen nach Belieben zusammenzubauen (denken wir nur an die Assembler im Kapitel „Nanotechnologie").

Wenn wir also immer perfektere Quantenmaschinen zusammenbauen, kommt es vielleicht eines Tages dazu, dass diese wahrhaftig intelligent und sogar sich selber bewusst werden. Man nimmt in diesem Sinn sogar an, unsere Gehirnzellen wären nichts weiter als extrem komplizierte „Quantenzellen" (Zellen, mit den bereits erwähnten Eigenschaften von Elementarteilchen). Dabei würden die mikroskopischen Röhrchen (Engl.: „microtubules"), welche die innere Struktur der Zellen aufrecht erhalten, eine Verbindung mit dem sogenannten Raumzeitkontinuum eingehen. Die Masse der Materie, die durch die Bewegungen dieser Mikroröhrchen verschoben wird, hinterlässt nach dem Einstein'schen Prinzip anscheinend eine so genannte „Mulde" in der Raumzeit, genauso wie es ein Stern oder ein anderer Himmelskörper tut. Die Raumzeit würde daher von diesen Bewegungen gekräuselt und verformt werden.

Diese Kräuselungen und Verformungen der Raumzeit würden nicht etwa sofort verschwinden. Da sie sich teilweise auch auf andere Dimensionen als die uns 3 bekannten erstreckten, wären sie ziemlich stabil, so dass die Raumzeit wie eine Art Speichermedium fungieren würde. Auf dieses Medium könnten wir dann zu einem späteren Zeitpunkt zurückgreifen, um so etwa alte Gedanken oder Erinnerungen wieder zum Vorschein zu bringen.

Es könnte somit erklärt werden, wieso ein so kleiner Kopf wie der unsere, so viele Informationen enthalten kann. Nämlich so viele, wie wir im Laufe unseres Lebens speichern können. Wenn wir all diese Informationen in Büchern niederschreiben würden, mit all ihren Nuancen und Feinheiten, gäbe es im Universum nicht genügend Platz, um auch nur das Leben eines einzigen Menschen zu speichern. Wenn wir all diese Informationen in einen Rechner stecken könnten, müsste die Festplatte dieses Rechners etwa so groß wie unsere Galaxie sein. Und wenn es ein Quantencomputer wäre, der nicht mit der Raumzeit (anderen Dimensionen) in Verbindung steht, würde das Speichermedium immer noch die Größe unseres Sonnensystems haben – vorausgesetzt, wir drückten alle unsere Wahrnehmungen bis hin zu den feinsten Nuancen in einem binären Code aus (alle obigen Angaben sind eigene Schätzungen!).

Demnach wäre unser Gehirn nichts weiter als ein biologischer Postquantum-Computer. Das heißt, es würde sich Informationen aus der Raumzeit holen und sie verarbeiten, um sie in unserer Realität (unser Bewusstsein) wiederzugeben. Vermutlich könnten weit fortgeschrittene Maschinen das auch. Und deshalb glauben einige Forscher, dass es keinen weiteren Unterschied zwischen Menschen und Maschinen gibt als diese große Unbekannte – die Raumzeit bzw. der Hyperraum – und die Methode, derartig unwirkliche Räume zu manipulieren bzw. zu handhaben.

Glücklicherweise gibt es aber auch viele Wissenschaftler, die genau das Gegenteil behaupten und für die Leben und Intelligenz nicht einfach emuliert werden können. Das heißt, Leben und Intelligenz könnte man zwar wie ein gefälschtes Bild kopieren und vervielfältigen, aber diese Kopien wären eben nicht echt wie das Original. Zwar könnten gewisse Kopien sogar besser als das Original sein, aber alle Körper im Universum sind einer gewissen Geschichte zugeordnet. Und diese Geschichte macht aus ihnen eben das, was sie sind. So verdanken wir es konkret der Erdgeschichte, dass es so viele verschiedene menschliche Rassen gibt. Eine einfache, punktuelle Nachahmung des Menschen könnte diese Vielfalt nicht in all ihren Konsequenzen nachahmen. D.h., eine Evolution auf der Grundlage von Kopien würde vermutlich anders verlaufen als beim Original. Und eine Welt voller künstlicher Menschen würde sich daher wahrscheinlich auch nicht richtig entwickeln können, so dass nach einer gewissen Zeit die „echten Menschen" ihre alten Kopien dank der Evolution wieder in punkto Perfektion überholt hätten.

Und das, was wir gerade gelesen haben, ist das unendliche Prinzip der menschlichen Unvollkommenheit: Sie ist notwendig, damit der Mensch sich immer weiter verbessern kann. Jegliche Art der Vergötterung einer konkreten menschlichen Rasse ist daher von Anfang an – ja sogar schon prinzipiell – zum Scheitern verurteilt. Die Perfektion der Rassen und der Arten beruht demnach nicht auf der Perfektion einer gewissen Rasse oder Art, sondern auf der Gesamtperfektion aller Arten und Rassen innerhalb einer sich ständig ändernden, sauberen und lebensfrohen Umwelt – unserer Erde.

Darüber hinaus sind heutzutage schon die ersten Erfolge beim Interfacing zwischen dem Gehirn und äußeren Datenbanken erreicht worden. Es ist nämlich Forschern gelungen, die verschiedenen Codes und Modi festzustellen, die eine Gedankenübertragung zwischen verschiedenen Nervenzellen möglich machen. Um nun eine physikalische Verbindung zwischen dem Menschen und seiner Umgebung herzustellen, werden bereits digitale Interfaces in das Gehirn implantiert, durch das sich der Patient mit Daten von externen Sensoren und Datenspeichern informieren kann. Auf diese Weise können z. B. Blinde wieder sehen und taube wieder hören, indem durch dieses Interface optische bzw. akustische Sensordaten ins Gehirn eingespeist werden. Der Patient hat somit die Möglichkeit, Umrisse zu erkennen, Laute wahrzunehmen und darauf zu reagieren.

In der Zukunft wird das Mensch-Maschine-Interface noch weiter entwickelt werden. Es ist sogar vorauszusehen, dass sich der Mensch in Kürze mit Maschinen wird „unterhalten" können. Dabei würde das menschliche Gehirn durch ein Interface an die Maschinensteuerung angeschlossen und es könnte somit ein Datenaustausch stattfinden. Der Mensch würde den Zustand der Maschine mit absoluter Präzision kennen und bei einer eventuellen Reparatur nicht mehr diesbezügliche Fehlerquellen finden müssen. Er hätte die Information bereits in seinem Gehirn gespeichert und könnte sie direkt an andere Datenbanken bzw. Eingriffszentren weiterleiten.

Ferner ist abzusehen, dass derartig große Interfaces verschwinden und Mikrochips eingesetzt werden, die auf äußere Stimuli (wie etwa auf elektromagnetische Wellen) reagieren. Man könnte so im Kopf direkt Radio- oder Fernsehsender oder andere Sendungen empfangen, ohne dabei überhaupt ein Radio oder einen Fernsehapparat zu benötigen. Der Mikrochip würde nämlich die elektromagnetischen Wellen wie ein Radio oder ein Fernseher empfangen, sie auf unsere Bedürfnisse anpassen und direkt in unser Gehirn weiterleiten.

Natürlich muss man mit solchen invasiven Technologien vorsichtig sein, denn Menschen könnten letztendlich auf diesem Weg durch eine fremde Macht oder durch habgierige oder rachsüchtige Personen kontrolliert werden. Ich jedenfalls, lasse mir solche Apparate nicht einpflanzen – auch wenn ich dann etwas „dümmer" bin als die anderen. Dies ist ja ein Thema, das in modernen Filmen immer wieder aufgegriffen wird. Aber es gibt ja auch Leute, die einen solchen Eingriff wünschen oder ihn aus bestimmten Gründen benötigen, wie kranke, schwache oder alte Menschen. Denen könnte nunmehr geholfen werden.

In ferner Zukunft soll sogar das gesamte menschliche Bewusstsein auf einen Massenspeicher übertragen werden können. Ein Mensch könnte somit in eine Maschine übertragen werden, die er dann eigens kontrollieren könnte. Eine gute Lösung für unsere Sterblichkeit wäre in diesem Sinn die Erschaffung von biomechanischen Androiden, auf die man dann das Bewusstsein von Menschen überträgt, die im Sterben liegen oder sehr krank sind. Dazu müssten wir jedoch zuvor menschliche Siedlungen auf fremden Planeten errichten, denn eine schier „unsterbliche" Menschheit würde auf der Erde einfach keinen Platz mehr haben – ganz zu schweigen von der Situation, wenn alle plötzlich einen solch perfekten Körper haben wollten...

Vor allem müssen wir uns aber vorbeugend fragen, ob es überhaupt sinnvoll ist, uns von unserer Sterblichkeit zu verabschieden, zumal wir nicht genau wissen, was uns nach unserem Tode eigentlich erwartet. Vielleicht ist es ja wirklich so, dass der Mensch – genauso wie alle anderen möglichen Lebewesen im Universum auch – eine Art Zwischenstadium zu einer höheren Daseinsform ist. Und wenn wir unsere Körper einfrieren oder uns auf ein Speichermedium übertragen lassen, verlieren wir vielleicht unseren Anschluss an die (echte) Unsterblichkeit der Seele und könnten nie und nimmer mehr unsere Ruhe finden. Eine wahrhaftig schauderhafte Vorstellung für immer und ewig verloren zu sein.

In meinem ersten Buch „Raumfahrzeuge der Zukunft" deutete ich anhand eigener Erfahrungen bereits auf eine solche Möglichkeit hin. Zusammen mit anderen Forschern, entwickelte ich die Theorie der so genannten „Kosmischen Datenbank". Demnach scheint es wirklich eine solche Datenbank im Raumzeitgefüge zu geben – so wie oben angedeutet – in der sozusagen alle Erinnerungen der Menschheit gespeichert sind. Man kann auf diese Datenbank eventuell sogar zugreifen. Das geschieht allerdings nur in seltenen Fällen, z. B. durch prophetische oder außergewöhnliche Träume oder bei Nahtoderfahrungen, seien sie auch nur ein Traum gewesen.

Es scheint, dass unser Unterbewusstsein dabei im Schlaf mit dem kosmischen Datenpool in Kontakt kommt. Uns werden dabei Dinge offenbart und wir sehen Sachen im Schlaf oder nahe unseres Todes, die wahrhaftig aus einer anderen Welt zu stammen scheinen. Ich kann mir gut vorstellen, dass Leute wie Nostradamus, Einstein oder Galileo ihre Vorhersagen und Erfindungen aus solch übernatürlicher Quelle geschöpft haben. Ein „Genie" wäre demnach eine Person, die mehr als andere mit dem Hyperraum bzw. der Raumzeit in Verbindung steht. In diesem Hyperraum befänden sich nämlich letztendlich alle Erinnerungen und das gesamte Wissen der Geschichte des Universums – wahrhaftig ein großer Schatz, den es zu finden gilt. Und Quantencomputer wären sicherlich nur der Anfang von einem langen Prozess auf der Suche nach diesem absoluten Wissen.

Quantenmaschinen werden ferner mit der Zeit menschenähnlich werden. Das heißt sie werden beginnen sich wie ein Mensch zu verhalten.

Aber, wo bleibt da noch die menschliche Überlegenheit?

Die Wissenschaft hat bisher kein einziges materielles Indiz dafür gefunden, dass das menschliche Bewusstsein auf übernatürliche Phänomene beruht, die nicht auf eine chemische oder physikalische Weise erklärt werden könnten. Die große Frage lautet also: Wenn wir genügend Elementarteilchen in ein Reagenzglas stecken und es lange genug schütteln und erwärmen, wie lange wird es dauern, bis eine lebende Zelle entsteht? Weiterhin: Wenn wir genügend Zellen in das Reagenzglas stecken, wie lange müssen wir es schütteln, bis aus den Zellen intelligente Wesen entstehen? Und letztendlich: Wenn wir intelligente Wesen lange genug in einer Flüssigkeit schütteln, wie lange wird es dauern, bis wir eine Lösung ihres „Geistes" erhalten? Diesen Geist könnten wir dann isolieren und bewundern.

Ist das wirklich so? Oder hat sich die Natur mit uns nur einen üblen Streich erlaubt? Existieren wir überhaupt in Wirklichkeit oder sind wir wahrhaftig ein nur allzu realer Traum eines höheren Wesens, dessen Identität wir nicht einmal erahnen können? Sind wir etwa wie die holografischen Wesen im Holodeck von Raumschiff Enterprise – und gibt es „da draußen" noch eine andere Welt mit einer völlig anderen Physik – falls diese dort überhaupt noch einen Sinn ergibt?

All dies sind wahrhaftig Atem beraubende Fragen. Tatsache ist nur: Wir wissen nicht mit absoluter Sicherheit, ob nicht alles doch nur eine Täuschung ist und die Wissenschaft nur dazu dient, diese Täuschung zu verschleiern, indem feste augenscheinliche Regeln aufgestellt werden, mit denen wir uns nur ein falsches Bild der Realität zu machen vermögen. Oder ob alles doch echt ist und wir auch dies nicht völlig begreifen können.

Was ich meine? Nichts ist leichter, als einen Menschen zu verwirren, indem man ihm die Wahrheit sagt: „Aus Erfahrung" glauben wir Menschen nämlich tatsächlich auf „festem Boden" zu stehen, aber in Wirklichkeit stehen wir auf einer hauchdünnen Scheibe – genannt Erdkruste – die auf einem riesigen Meer aus Magma (kochenden Steinen) schwimmt, dessen Temperatur viele tausend Grad beträgt. Nur wenn einmal ein Vulkan ausbricht, werden wir uns dieser Tatsache mehr oder weniger bewusst. Ansonsten verdrängen wir diese Realität und glauben wahrhaftig, wir würden auf festem Boden stehen.

Ist die Wissenschaft also auch eine solche Verdrängung?

Wir glauben ferner, die Welt „sehen" zu können, aber in Wirklichkeit sind wir *absolut blind*! Unser Bewusstsein ist einzig und allein auf unser Gehirn zurückzuführen. Alles Andere ist lediglich eine Kombination aus biomechanischen- bzw. biochemischen Sensoren und Strukturen. Unsere Sensoren (die 5 Sinnesorgane) geben uns Information von der „Außenwelt". Das heißt, unsere Augen fangen das sichtbare Licht auf, das andere Körper (wie z. B. eine Lampe) ausstrahlen, und leiten die Information in Form von Nervenimpulsen an unser Gehirn weiter.

Das Gehirn „sieht" also gar nicht die Außenwelt – es hat von ihr lediglich einen bioelektrischen Eindruck, der durch Nervenimpulse entsteht. Wir – das heißt unser Gehirn – sind in Wirklichkeit absolut blind. Die Natur hat jedoch dafür gesorgt, dass wir die Außenwelt bildlich (das heißt, virtuell) in unserem Bewusstsein sichtbar machen können. So glauben wir, wir würden etwas „sehen", aber in Wirklichkeit sehen wir nur einen virtuellen Abdruck der Realität. Das „Original" bleibt uns auf Grund unserer Natur für immer verborgen.

Wie können wir dann aber noch absolut sicher sein, dass das, was wir sehen, auch 100 % mit der Realität übereinstimmt?

Dass Realität und Eindruck nicht genau überein stimmen, beweisen ja gewisse Fehler der Natur, wie z. B. gewisse Krankheiten wie der Daltonismus. Daltonische Menschen können blaue bzw. rote Farben nicht unterscheiden. Für sie hat daher alles einen Blau- bzw. Rotstich, so ähnlich wie die Sterne, von denen behauptet wird, sie würden sich von uns entfernen bzw. nähern. Aber die „normalen" (das heißt, nicht daltonischen) Menschen sagen, das wäre nicht normal und die Realität sähe ganz anders aus. Es gäbe nämlich mehr Farben, als die daltonischen Menschen unterscheiden können. Diese Laune der Natur tritt für andere Menschen zum Vorschein, wenn ein daltonischer Mensch etwa ein Gemälde malt. In seinen Bildern wird man nämlich nicht genau zwischen rot und blau unterscheiden können.

Sind wir also alle so gut wie „daltonisch" in Bezug auf die Realität? Sehen wir nur einen Teil von ihr? Es scheint wahrhaftig so zu sein.

Wenn wir unser Gedankenexperiment weiterführen, werden wir außerdem feststellen, dass es in Wirklichkeit gar keine Farben gibt. Sie sind nur eine Illusion oder Konvention, die die Evolution hervorgebracht hat, um unser Leben auf der Erde zu vereinfachen. Denn das sichtbare Licht ist ein Kontinuum. Das heißt, es gibt keine wirklichen Grenzen zwischen zwei verschiedenen Farben. Diese Grenzen sind nämlich nur eine menschliche Illusion. Eine Farbe ist lediglich eine gewisse Palette an Wellenlängen, die sich ähneln. Es gibt aber keinen anderen Unterschied zwischen rot und blau als die Wellenlänge und die in jeder Wellenlänge enthaltene Energie. Das bedeutet wiederum, dass es keine weiteren Unterschiede zwischen zwei ungleichen Farben gibt. Da das Licht zudem ein Kontinuum ist, kann es logischerweise in Wirklichkeit auch keine individuellen Farben geben, so wie wir sie uns vorstellen.

Dieses anscheinend banale Gedankenspiel entpuppt sich als manchmal durchaus wichtig, z. B. bei Quantencomputern. Denn diese sehen die Realität so, *wie sie tatsächlich ist*. Das Licht ist für einen Quantencomputer also ein Kontinuum, so etwa wie eine Grauskala, und nicht eine Ansammlung von verschiedenen Farben, da Farben ja physikalisch nicht abgegrenzt sind bzw. nicht effektiv existieren. Aus diesem Grund kann die Evolution der Quantencomputer, entgegen der Meinung einiger Forscher, auch keine „typisch" menschlichen Eigenschaften entwickeln, denn sie würden sich nie wie wir verhalten, sondern eher ein wenig „mechanisch".

Ein Quantencomputer würde ferner einen Berg nicht als einen solchen wahrnehmen, sondern nur als einen großen Haufen Schutt und Asche, der durch die Naturgewalten eine besondere Form erhalten hat. Es gäbe für einen Quantencomputer auch keinen größeren Unterschied zwischen einem Haus und einem Berg, außer in ihrer Struktur, denn beide wären letztendlich Ansammlungen von Materie. Dass man im Haus wohnen kann, bedeutet im Prinzip nicht viel für einen derartigen Computer da dies nur eine Funktion und kein Zustand ist. Ferner gäbe es auch keinen Unterschied zwischen Erde und Wasser, außer in ihrer Zusammensetzung und in ihren physikalischen Eigenschaften.

Ein Quantencomputer würde also, ausgestattet mit Sensoren und anderen menschenähnlichen Artefakten, in der Natur nur eine Ansammlung von grautönigen Molekülen, Staubpartikeln und Steinen sehen. Ihn so zu programmieren, dass er wie ein Mensch die Realität betrachtet, mit all ihren Farben und Nuancen, könnte im Quantencomputer ein existenzielles Dilemma hervorrufen und Quantencomputer (oder auch Quantenandroiden) könnten dann ihrer Maxime der Selbsterhaltung nachgehen und den „Störenfried" Mensch zu beseitigen versuchen. Denn dieser würde ihnen nur Lügen über die Realität einspeisen wollen und diese wären offenbar „unlogisch" und eventuell auch feindlich für die Natur des Computers.

Ein solches Szenario wäre wahrhaftig ein Szenario des Weltuntergangs, denn es könnte im schlimmsten Fall einen Aufstand der Quantencomputer oder der Quantenandroiden geben und – glauben Sie mir – sie würden gewinnen!

Ich hoffe, derartige Überlegungen regen andere Menschen an, über die Realität nachzudenken, so wie sie wirklich ist. Vielleicht entdeckt man ja sogar auf diesem Wege derzeit noch verborgene Geheimnisse unseres Universums, wie die Antigravitation, die Teleportation oder gar außerirdische Zivilisationen, die sich womöglich verborgen im Hyperraum oder im Subraum aufhalten. Ich bin davon jedenfalls völlig überzeugt.

4. Smarte Materialien

„Smarte Materialien" sind ein Teil der "neuen Materialien", ein Grundbegriff für neuartige Stoffe, die Ingenieure und Techniker bereits am entwerfen sind. Neue Materialien sind u. A. Wärme unempfindliche Platten, die anhand der Nanotechnologie hergestellt werden. Aber es kann sich auch um komplexere Materialien handeln, mit verschiedenen Komponenten und sogar mit intelligenten Elementen wie Sensoren, Fühlern, Transmittern, Leuchten etc. In diesem Fall redet man von intelligenten bzw. smarten Materialien.

Der Begriff ist nicht etwa von weit hergeholt, sondern smarte Materialien imitieren im Prinzip nur natürliche Materialien, von denen sie „kopiert" wurden. Wir haben es somit manchmal mit Oberflächen zu tun, die sogar biologische Funktionen wie den Spürsinn zu imitieren vermögen. Es gibt aber auch strikt funktionelle Materialien und Oberflächen, die auf Druckverhältnisse oder Temperaturänderungen reagieren und einen Alarm auslösen, wenn die von ihnen kontrollierten Parameter wie Druck, Temperatur, Feuchtigkeit, Sonneneinstrahlung, Härte, Festigkeit, chemische Zusammensetzung etc., sich außerhalb der von uns zuvor gesetzten Grenzen befinden.

Und um diesen Alarmeffekt noch weiter zu verstärken, können solche Materialien auch mit Mikro- bzw. Nanocomputern ausgestattet werden, so dass man letztendlich Gebäude, Brücken, Pfeiler, Bohrinseln, Raumfahrzeuge, etc. herstellen kann, die ähnlich wie ein lebendiges Wesen auf externe Reize reagieren und sich diesbezüglich anpassen können.

Und um einen Überblick zu haben, wie vielseitig diese neuen Materialien sein können, erwähne ich in der Folge einige davon:

Eingeleitete optische Oberflächeneffekte: Diese Technologie erlaubt es, z. B. Automobile herzustellen, die keine feste Farbe mehr besitzen, sondern deren Farbe sich gemäß den Umweltbedingungen bzw. eingeleiteter Effekte wie Wärme, Licht, Vibrationen usw. verändert. Wir würden also in diesem Fall etwa über ein Auto verfügen, dessen Farbe nicht grundsätzlich festgelegt ist wie die der Autos von heute (Lack), sondern sich beim Vorbeifahren ändert. Diese Farbänderungen beruhen auf der Existenz kleiner Rillen auf der Oberfläche der Karosserie, die das Sonnenlicht verschiedenartig in seine Bestandteile zerlegen, je nachdem, in welchem Winkel es auf die Karosserie fällt. Dieses Prinzip haben wir uns übrigens von den Schmetterlingen „geborgt", die solche Lichteffekte schon seit Millionen von Jahren zu nutzen wissen. Das Ganze würde allerdings auch rechtliche Probleme mit sich bringen. Denn wie kann man dann noch die Farbe eines Autos (z. B. für Fahndungszwecke) definieren? Andererseits ist es aber auch durchaus denkbar, dass man bei so weit fortgeschrittener Technik auf andere Fahndungsraster als die Farbe eines Fahrzeugs wird zurückgreifen können.

Absorbate: Es werden bestimmte Materialien oder Stoffe, etwa in kleinen Hohlräumen, innerhalb anderer Materialien absorbiert. Es entsteht somit ein komplexes Material, das die Eigenschaften beider Ausgangsmaterialien bzw. -stoffe in sich vereint. Wir können in diesem Sinn z. B. eine fluoreszierende Substanz in einen Kunststoff einarbeiten, so dass der Kunststoff selbst zum fluoreszierenden Material wird. Man stelle sich in diesem Sinn ein Auto vor, das in der Dunkelheit leuchtet, wenn der Fahrer einen Knopf drückt. Dabei würde etwa der Kunststoff mit Strom zum Leuchten gebracht. Aber es gibt natürlich auch andere nützlichere Anwendungen von Absorbaten, wie in der Fotografie oder bei der Erkundung dunkler Höhlen oder Meerestiefen, ohne dabei die Bewohner jener Orte mit einer Flut von grellem Licht zu erschrecken. Diese Technologie haben wir uns übrigens von den Fischen geborgt. Es gibt nämlich Tiefseefische, die in Symbiose mit fluoreszierenden Bakterien (Photobacter) leben, die sich in kleinen Drüsen auf der Oberfläche oder in Auswüchsen der Haut dieser Fische befinden. Diese Drüsen sind derartig angeordnet, dass sie verschiedene Muster bilden. Ein Raubfisch kann in diesem Sinn eine springende Garnele imitieren, die kleinere Fische anlockt, die wiederum eingefangen und verspeist werden können. Man stelle sich in diesem Kontext also ein Auto vor, das nicht nur fluoreszieren kann, sondern dazu auch noch auf eine kontrollierte Weise. Ja, man könnte sogar ganze Werbeflächen auf diese Weise betreiben. Ein zentraler Rechner würde dabei die verschiedenen Werbespots der Anbieter gleichzeitig auf Millionen von Werbeflächen ausstrahlen, ohne dabei irgendwelche Poster oder Klebstoffe, Lampen oder Drähte zu benötigen. Nur einige wenige Schaltkreise und smarte Leuchtflächen wären dazu erforderlich. Das wäre dann eine wahrhaftig umweltfreundliche Einsparung in der Werbebranche!

Kristalle: Man kann Materialien auch mit Kristallen spickten, um etwa einen bestimmten Effekt hervorzurufen (z. B. einen piezoelektrischen Effekt – das ist die Erzeugung von Elektrizität durch Kontakt) oder um einen Laserstrahl, wie in einem wirklichen Kristall, tausendfach zu verstreuen. Man erhielte in diesem Fall ein Material, das bei einfallendem Licht wie ein fluoreszierendes Material anfängt zu leuchten. Ein Fahrzeug mit einer Karosserie aus diesem Material würde wie ein Weihnachtsbaum leuchten, wenn es nachts unter einer Laterne vorbeifahren würde. Man könnte diese Technologie aber auch dazu benutzen, jeder Karosserie eine einzigartige Kennung zu geben, so ähnlich wie bei den dreidimensionalen Wasserzeichen auf Kreditkarten. Dazu müsste man nicht unbedingt die gesamte Karosserie mit Kristalle bespicken, sondern nur eine kleine Oberfläche davon – so etwa wie eine Plakette. An einer Landesgrenze angekommen, würde dann der jeweilige Beamte die Kristallplakette anleuchten, und sofort die Kennung des jeweiligen Fahrzeugs überprüfen können. Solche Plaketten könnten dermaßen hergestellt werden, dass eine Fälschung unmöglich oder nur mit erheblichem Aufwand möglich wäre und sich daher nicht mehr lohnen würde. Auf andere Kennungen, wie der Prägung der Fahrgestellnummer, könnte dann verzichtet werden, zumal diese Prägungen immer wieder gefälscht werden, indem sie einfach herausgefeilt werden. Eine solche Technologie würde also den Diebstahl und Weiterverkauf von gestohlenen Autos und Waren im allgemeinen ziemlich erschweren.

Eine andere mögliche Anwendung von Kristallen wäre z. B. fotosynthetisches Material, in welchem Chlorophyllkristalle so angeordnet sind, dass sie einfallendes Licht verarbeiten können, um somit etwa Stärke und Zucker mit einer Atmosphäre aus Kohlendioxyd und Wasser herzustellen. Fotosynthetisches Material könnte in einer Welt, wo Wälder und Naturlandschaften weitgehend gerodet worden sind, die Entwicklung des Treibhauseffektes stark eindämmen – ja sogar umkehren. Die Technologie dazu stammt wieder einmal von den Pflanzen, die in ihren grünen Zellen wahrhaftige Fabriken beherbergen, welche aus Luft, Wasser und Licht Zuckerstoffe herstellen. Dabei ist das Chlorophyll in sogenannten Chloroplasten untergebracht, deren Struktur man technisch nachahmen könnte. Die Zellflüssigkeiten könnten zudem durch einen konstanten Fluss aus Wasser, Mineralien und Bicarbonaten (enthalten CO_2) ersetzt werden und unsere künstliche Biofabrik würde uns zudem auch noch endlos und kostenlos mit organischen Substanzen beliefern.

Halbleiter: Halbleiter sind die Basis für Computer und Mikroprozessoren. Stellen wir uns einmal eine Wand vor, die mit Halbleitern und anderen smarten Materialien ähnlich wie ein Computer ausgestattet ist. Durch ein Interface könnten wir dann diese Wand etwa so programmieren, dass die äußere Hülle undurchlässig wird, wenn es regnet. Oder dass die Wand anfängt zu leuchten, wenn wir an ihr vorbeigehen. In diesem Fall wäre unsere Wand wie ein „diffuser Computer". Die verschiedenen elektrischen Impulse würden sich dabei frei innerhalb der Wand bewegen und nur diejenigen Elemente ansprechen, die auf gewisse Impulse reagieren können – so ähnlich wie in einem menschlichen Gehirn.

Das Zeitalter der „diffusen Computer" hat noch nicht begonnen, aber die Aussichten sind hier schier unendlich. Ganze Städte mit smarten Gebäuden könnten somit verbunden werden. Man bräuchte z. B. keine Alarmsirenen mehr, denn jedes angeschlossene Haus „wüsste" sofort, wo genau sich ein Brand oder eine andere Katastrophe ereignet hat. Ein leer stehendes Haus könnte z. B. von sich selbst aus, einen Brandherd im Keller feststellen und umgehend die Feuerwehr alarmieren, ohne dass der Eigentümer oder jemand anderer zu Hause sein müsste, um umständlich nach dem Telefon zu greifen und dann abzuwarten. Derartig vernetzte Objekte würden vermutlich sogar eine Art „diffuse Intelligenz" entwickeln. Ein smarter Sessel z. B. würde in diesem Sinn sofort wissen, in welche Lage er sich begeben müsste, damit die Person, die gerade auf ihm sitzt, es am bequemsten hat. Darüber hinaus könnten wir zu jeder Zeit die Eigenschaften unserer smarten Gegenstände durch Umprogrammieren verändern, so dass sich in diesem Bereich sicherlich eine Vielzahl von praktischen Anwendungen finden ließe.

Fullerene: Fullerene sind merkwürdige, dreidimensionale, zyklische, organische Moleküle, die an makroskopische Objekte erinnern, aber eben nur aus einem mehr oder weniger großem Molekül bestehen. So besitzt z. B. das so genannte „Buckminster-Fulleren" eine dreidimensionale Kette von Kohlenstoffatomen, die an einen Fußball erinnern. Man kann diese Art von Fullerene - im Allgemeinen „Buckyballs" genannt - herstellen, indem man einen elektrischen Strom durch eine Heliumatmosphäre leitet. Man glaubt, dass solche Buckyballs in großen Mengen im Universum auftreten, speziell in der Nähe von Roten Riesensternen. Die großartigste Eigenschaft der Fullerene ist jedoch die, dass einzelne Atome und kleinere Moleküle innerhalb dieser Sphären eingesetzt werden können. Wenn wir z. B. ein Metallatom in einen Buckyball einsetzten, erhielten wir einen punktförmigen elektrischen Leiter, wie bereits oben erwähnt. Die Eigenschaften solcher Gebilde sind derzeit noch nicht vorhersehbar, zumal es in der Natur und in der Technik zuvor wahrscheinlich noch nie solche punktförmigen Leiter gegeben hat. Verbunden mit der Möglichkeit, Elementarteilchen untereinander zu synchronisieren, könnten so z. B. elektrische Impulse von Buckyball zu Buckyball gesendet werden, praktisch ohne Energie zu verbrauchen, und das - im Hinblick auf die Physik der Überlichtgeschwindigkeit bzw. des Tunnel-Effekts - zu Orten, die etwa so weit entfernt sein könnten wie andere Planeten oder andere Sterne. Der Buckyball wäre in diesem Sinn wohl die technische Antwort der Natur auf Einsteins Behauptung, Information wäre auch nur ein lokales Phänomen.

Wie auch immer: Die Anwendungen von Buckyballs sind schier grenzenlos. Man stelle sich nur einen großen, magnetischen Buckyball vor, in dessen Innerem Antimaterie platziert wird. Wir könnten dann geringste Mengen Antimaterie praktisch „in der Hosentasche" mit uns herumtragen. Natürlich mit den ungeheuren Risiken, die ein solches Unternehmen mit sich führt. Damit die Antimaterie nicht mit der Materie wechselwirkt und es eine riesige Explosion gibt, muss es sich natürlich um geladene Antimaterieteilchen wie etwa Positronen (Positive Elektronen) oder Antiprotonen (negative Protonen) handeln, die von der elektrischen Ladung der Atome der Buckyballs eingedämmt wären. Es würde sich dabei um sozusagen „eingefangene" Antimaterie handeln, die man wahrscheinlich leicht transportieren könnte.

Diese Möglichkeit ist jedoch wiederum der Schlüssel zu einem Horrorszenario. Man stelle sich nur Terroristen vor, die zahlreich solche Antimateriebomben mit sich trügen. Man könnte sie weder feststellen noch aufspüren, denn sie wären so klein wie ein Molekül und hätten ansonsten keine anderen herausragenden Eigenschaften. – Bis jemand auf den Gedanken kommt, anhand eines starken elektromagnetischen Senders das magnetische Feld des Buckyballs aufzuheben, wobei die im Molekül eingefangene Antimaterie freigesetzt werden würde. Die Folge der Freisetzung wäre eine katastrophale Explosion. Daher müsste diese Art von Anwendung, so ähnlich wie bei Landminen, international geächtet werden, um derartige zukünftige Risiken bereits im Vorfeld zu vermeiden. Oder man müsste sie verbieten und den illegalen Anwendern etwa mit Militärstrafen drohen.

Fraktale: Als Fraktale bezeichnet man größtenteils elektronische Grafiken, die an Popkünstler erinnern und die auf eine fraktale Mathematik zurückzuführen sind. Diese grafischen Fraktale sind Gebilde, die u. A. keinen festen Umfang haben, da sich dieser zum Unendlichen neigt. Aber es gibt auch materielle Fraktale, die etwa an lebendige Zellen erinnern. In diesem Sinn können z. B. hochkomplexe Schaltkreise entworfen werden, von deren Eigenschaften wir im Prinzip nichts wissen, da sie so komplex sind, dass wir sie nicht anhand von Software emulieren können. Wenn wir jedoch Strom in diese Schaltkreise einspeisen, machen sich ihre möglicherweise außergewöhnlichen Eigenschaften bemerkbar. Somit können wir ganze Generationen von nützlichen Schaltkreisen finden, sie aussondern und sogar mit der

Zeit verbessern, indem wir immer wieder von uns erstellte Schaltkreise untersuchen, deren Auswirkungen wir zuvor nicht erahnen können.

Das Endergebnis einer langen Reihe solcher progressiven Verbesserungen wäre ähnlich dem der biologischen Evolution: Nach einer gewissen Zeit (im Labor schon nach einigen Wochen) fänden bzw. erhielten wir auf diese Weise Schaltkreise, die alles Mögliche zu tun im Stande wären. So könnte man im Laufe der Zeit auch Soft- und Hardware entwickeln, die alle mögliche Szenarien simulieren könnten. Auf diese Weise könnten etwa auch zellähnliche Automaten erzeugt werden, und das erlaubte uns, unsere derzeitigen Automaten weiterzuentwickeln, um sie ähnlich wie ein Lebewesen aus vielen einzelnen Zellen zu gestalten.

Solche Versuche wären der erste Schritt zur wahrhaftigen Simulation des Lebens und erlaubten es den Forschern, die unscheinbaren Hintergründe des Erfolgs von biologischen Wesen zu ergründen. Es könnten außerdem mit dieser Methode auch Simulationen von Wärme, Wellen, Diffusion und vieles mehr vorgenommen werden. Programme, die anhand von fraktalen Bausteinen erzeugt werden, könnten in Zukunft sogar anhand einer künstlichen Biohardware (wie etwa einem Cybergehirn) betrieben werden und somit einen künstlichen – aber fast perfekten – Eindruck von ihrer Umgebung erhalten. Diese Programme wären dann in der Lage, wie ein lebendiger Organismus zu reagieren, und könnten uns helfen, uns selber zu verstehen bzw. unsere Schwächen zu besiegen.

Eine mögliche zukünftige Anwendung von so genanntem „emuliertem Leben" wäre in diesem Sinn eine erhebliche Verlängerung der menschlichen Lebensdauer. Wir würden mit der Zeit eventuelle Evolutionsfehler in unseren Körpern (z. B. gentechnisch) verbessern können, um somit unsere Lebenserwartung um ein Vielfaches zu verlängern. Wie der Leser sicherlich schon bemerkt haben wird, ist hier der Schritt zum künstlichen Lebewesen und zu einer Gesellschaft künstlicher Menschen nicht mehr weit entfernt.

Neue Materialien müssen aber nicht unbedingt technischen Ursprungs sein. Sie können auch per Gentechnik durch Bakterien hergestellt werden. So wurde z. B. bereits eine fotosynthetische Bakterie erzeugt, die anhand von Wasser, Kohlendioxyd und Sonnenlicht Plastik herstellt – sogenannte Polyhydroxyalkanoate (PHA). Man erhofft sich von dieser und von ähnlichen Bakterien, bald das Erdöl als Energielieferanten für Brennstoffmotoren ersetzen zu können. Das Erdöl ist für uns zu wertvoll, als dass wir es verbrennen sollten. Viel mehr sollten wir daraus Heilmittel und hochreine Materialien herstellen, und dabei noch die Verschmutzung der Atmosphäre vermeiden, die durch die Verbrennung von fossilen Kohlenstoffverbindungen entsteht.

Mit fotosynthetischen Bakterien könnten große Mengen an industriellem CO_2 abgefangen werden, um damit Plastik herzustellen. Das ist etwas, was nicht einmal Pflanzen zu tun vermögen. Eine derartig genveränderte Blaualge (Cyanobakterie) könnte auch der Vorreiter für ein Terraforming auf dem Mars sein. Die NASA hat bereits ihr Interesse an einer Veränderung der Marsatmosphäre ausgesprochen. Dazu würden Bakterien wie die oben beschriebenen das CO_2 vom Mars und das freigesetzte Wasser aus den Marspolen mit der Hilfe des Sonnenlichts in Sauerstoff umwandeln – so ähnlich wie es die Blaualgen vor ca. 4 Milliarden Jahren auf der Erde taten, als unser Planet noch eine giftige Atmosphäre aus Kohlendioxyd, Ammoniak und verschiedenen Säuren hatte. Nach einigen Jahrmillionen gelang es dann aber den Blaualgen, die Erdatmosphäre atembar zu machen, wobei viele der damaligen primitiven Bakterien ausstarben. Einige jener archaischen Archäobakterien sind heutzutage jedoch immer noch in Sümpfen und Schlämmen zu finden, wo es keinen Sauerstoff gibt, der für diese altertümlichen Lebewesen ein starkes Gift darstellt. Auf dem Mars würde dieser Prozess allerdings nur wenige Jahrhunderte, wenn überhaupt, dauern. Nach solch einem Terraforming könnten wir ungehindert auf dem Mars herumspazieren – ohne Schutzhelm oder Atemmaske. So jedenfalls sieht der Traum vieler Wissenschaftler und Forscher aus.

Ferner müssen die oben erwähnten Fullerene nicht immer kugelförmig sein. Es gibt auch längliche Formen und unter ihnen die berühmten Nanotuben. Eine Nanotube ist ein praktisch perfekter Kristall, bei dem die Kohlenstoffatome spiralförmig um eine imaginäre Achse aufgereiht sind. Nanotuben können bis zu 1 Mikrometer breit und 2 bis mehrere Dutzend Mikrometer lang sein. Oft befinden sich auch zwei Nanotuben ineinander, so dass eine Doppeltube entsteht. Das einzigartige an solchen Nanotuben ist, dass man sie zu Fasern spinnen kann, die bei weitem dünner als Grafitfasern und dazu auch noch 40 mal widerstandsfähiger als diese sind. Das bedeutet wiederum eine enorme Gewichtseinsparung bei Bauteilen, die mit solchen Fasern, anstatt mit Glasfasern hergestellt werden, wie u. A. bei Autokarosserien.

Eine weitere außerordentliche Eigenschaft von Nanotuben, nämlich die verstärkte Tendenz, Elektronen abzugeben, wurde bereits für die Herstellung neuartiger Bildschirme verwendet. Dabei wird eine Platte aus Nanofasern so angeregt, dass Elektronen freigesetzt werden und daraufhin mit einer fluoreszierenden Oberfläche kollidieren. Das erzeugt ein Aufflackern, das elektronisch für die Erzeugung von Grafiken und Zeichen auf derartigen Bildschirmen verwendet werden kann. Somit könnte in Kürze in allen unseren Fernseh- und Computerbildschirmen bereits Nanotechnologie integriert sein.

Auch in Brücken, Pfeilern und Raumsonden werden zukünftig massenweise Nanotuben eingesetzt werden. Dank der bereits erwähnten guten elektrischen Eigenschaften von Nanotuben (sie erzeugen und leiten Elektronen in einem weitaus größeren Umfang weiter als gewöhnliche elektrische Leiter), können diese auch als Sensoren bei der Feststellung von Materialschwächen eingesetzt werden. Bei Betonbrücken wird hierbei der Beton mit einer keinen Menge Nanotuben versetzt. Somit haben wir im nachhinein die einzigartige Möglichkeit, kleine Risse und Schwächen in den jeweiligen Betonbauten festzustellen. An solchen Schwachpunkten gleiten nämlich die eingearbeiteten Nanotuben leicht auseinander. Und wenn wir dann einen elektrischen Strom durch das Gebilde fließen lassen, erzeugen diese Schwachpunkte einen zusätzlichen Widerstand zum eigentlichen Widerstand des Betons. Man kann auf diesem Wege dann die Alterung eines Betongebildes in Verlauf der Zeit verfolgen, indem man eine Zeitgrafik des elektrischen Widerstandes des Gebildes aufstellt. Erhöht sich der elektrische Widerstand mit der Zeit, bedeutet das, dass das Gebilde (etwa eine Brücke) Risse und Schwachpunkte hat und eine Reparatur erforderlich ist.

Ähnliche Sensoren können auch in der Raumfahrt eingesetzt werden, wo jedes Gramm im Prinzip sehr wichtig ist, da mit konventionellem Treibstoff, für jedes Gramm, das ins Weltall hinausbefördert wird, etwa zehn Gramm Treibstoff erforderlich sind. Intelligente Fasern aus neuen Materialien und diffuse Steuereinheiten aus programmierbaren Nanoteilchen, die in den Rumpf einer Raumfähre eingearbeitet werden, bilden die Grundlage für leichtere und stärkere Weltraummaterialien. Eine so ausgestattete Raumsonde würde viel leichter als die heutigen schwerfälligen Raumsonden sein. Bei einer eventuellen Überbeanspruchung von gewissen Teilen der Sonde, würden u. A. die intelligenten Fasern sich je nach der Druckrichtung zusammenziehen oder ausdehnen, so dass das Material unter den äußeren Einflüssen nicht mehr extrem zu leiden hätte. Die Konsequenz des Einsatzes solch viel langlebigerer Materialien und Strukturen wären Raumfähren, mit denen man viel längere bzw. viel mehr Flüge durchführen könnte.

Programmierbare, im Rumpf von Raumfähren eingelassene Nanoteilchen, könnten zudem auch per Funk von einer Basisstation aus programmiert werden, so dass etwa Marssonden von der Erde oder anderen Stationen aus an sich plötzlich verändernde Umweltbedingungen angepasst werden könnten, ohne dabei zuvor die Umweltbedingungen am jeweiligen Landeplatz überhaupt erforscht haben zu müssen. Diese Technologie wird in der Zukunft sicherlich vollautomatisch gesteuert werden, so dass kein menschlicher Eingriff mehr erforderlich ist. Vielleicht verfügen wir ja schon bald über eine Flotte sich selbst programmierender Raumsonden, die für uns die Galaxie erkunden, ohne dass wir überhaupt in der Nähe sein müssen. Das Wissen der Menschheit würde sich so unaufhaltsam über die gesamte Galaxie erstrecken. Teile unserer Raumflotten würden dann sicherlich auch über Selbsterhaltungs- und Reparatursysteme verfügen, so dass sie auf eine völlig autonome Weise Reisen durchführen könnten. Die Zukunft solcher Technologien ist wiederum die Erschaffung von künstlichen Systemen und Maschinenwelten, die sogar völlig autark ohne uns Menschen auskommen können. Und dann müssten wir uns fragen, ob wir auf derartig autonome Gebilde überhaupt noch einen Anspruch haben. Die Lage wäre hier etwa vergleichbar mit den südamerikanischen, afrikanischen oder asiatischen Kolonien auf der Erde, die sich langsam aber sicher alle von ihren Mutterländern trennten – und zwar nicht immer unblutig!

Ferner haben Nanotuben auch außergewöhnliche Eigenschaften bei der Absorption von Gasen. Sie absorbieren nämlich fünf mal mehr Gase als gewöhnliche Wasserstoffkatalysatoren. Und diese Eigenschaft könnte die Chemie revolutionieren, denn wir bräuchten keine hoch entwickelten Metalllegierungen mehr, um z. B. Brennstoffzellen für Wasserstoff herzustellen. Eine Hand voll Nanotuben würde dafür schon reichen. Nanotuben werden nämlich mit einer immer größer werdenden Rentabilität anhand ziemlich einfacher Mittel (Elektroden, Argonatmosphäre, Strom) hergestellt und die Ausbeute an Nanotuben verglichen mit dem Einsatz an Elektroden und anderen Mitteln steigt auch immer weiter an. Eine Hand voll Nanotuben mit einem Preis von ca. 1 US$ könnte bald eine hundertfach teurere Legierung ersetzen. Zudem würde dabei auch die Effizienz solcher Brennstoffzellen enorm steigen, da der Wasserstoff sich besser mit dem Sauerstoff verbinden könnte – nämlich auf eine molekular präzise Weise.

Das Auto der Zukunft hätte dann fast keine Metallteile mehr, denn selbst die Brennstoffzelle wäre aus purem Kohlenstoff. Aber auch Autos mit Benzinmotor würden von den Nanotuben profitieren, denn diese würden in Katalysatoren eingesetzt werden, die eine ähnliche Wirkungsweise wie Brennstoffzellen haben. Daher würden auch Kats erheblich günstiger und leichter werden.

Es ist schon merkwürdig, wie moderne Materialien sich um den Kohlenstoff – und nicht etwa um Eisen oder Platin – herum bilden. Da der Kohlenstoff auch die Grundlage aller biologischer Lebewesen ist, so wie wir sie auf der Erde kennen, stellt sich natürlich die Frage, ob das alles nur Zufall ist, oder ob der Kohlenstoff nicht immer die Grundlage einer biologischen oder „bioähnlichen" Entwicklung ist. Wenn sich nämlich die heutige Kohlenstoffchemie und die Nanotechnologie immer weiter entwickeln, ist es nicht auszuschließen, dass wir eines Tages so etwas wie künstliche Lebewesen auf Kohlenstoffbasis erzeugen können – und sei es auch nur in der Form eines kleinen Chips, der etwa alle Funktionen einer Bakterie emuliert.

Diese Idee ist nicht einmal von so weit hergeholt, denn alle Forschungen deuten letztendlich darauf hin, dass der Weg hin zu „intelligenten" Kohlenstoffstrukturen nicht mehr weit ist. Und an diesem Punkt angelangt – könnten wir dann noch zwischen künstlichen und natürlichen Lebewesen unterscheiden? Oder wären wir dann etwa alle gleich – Künstliche und Natürliche? Denn eines müssen wir immer im Auge behalten: All das, was wir jetzt mit unseren bescheidenen Mitteln erforschen und entdecken, hat die Natur sicherlich bereits vor Jahrmilliarden probiert und herausgefunden. Und dennoch entschied sie sich letztendlich für uns biologische Wesen und nicht für pseudomechanische Kohlenstoffwesen mit einer Unzahl an Nanotuben, Sensoren und Prozessoren. Wir sind also das vollkommenste und perfekteste Wesen, das man sich vorstellen kann. Nur sind wir in diesem Augenblick dabei, unsere Körperflüssigkeiten durch so genannte „trockene" Technologie zu ersetzen, um Wesen zu erschaffen, die sich uns ähneln. Und ich glaube, es ist gerade dieser prinzipielle Unterschied, der echte Lebewesen den Kopien überlegen sein lässt. Denn Flüssigkeiten sind immer dreidimensional. Und in dreidimensionalen Medien können viel mehr Informationen ausgetauscht werden als zwischen zweidimensionalen Schaltkreisen.

Wie es auch immer sei: Wir werden sicherlich noch viel über dieses Thema hören – und vorbeugend für diesbezügliche Entwicklungen werden wir eine gesetzliche und moralische Grundlage für derartige Kreaturen schaffen müssen, bevor wir diese Wesen überhaupt kreieren. Denn sonst könnten die hier erwähnten und andere „Horrorszenarien" tatsächlich Wirklichkeit werden.

Aber die Erzeugung von neuartigen Kohlenstoffmaterialien beruht nicht nur auf Nanotuben und Fullerene. Es werden auch künstliche Diamanten und diamantähnlicher Kohlenstoff hergestellt. Man stelle sich in diesem Sinn Kohlenstofffasern vor, die eine so perfekte molekulare Struktur haben (eben wie ein Diamant), dass sie diamantähnliche Eigenschaften besitzen wie eine große Härte trotz hoher Geschmeidigkeit, hohe Zugfestigkeit trotz starker Dehnbarkeit, etc.

Die Erzeugung von großen künstlichen Diamanten könnte zudem die Schließung fast aller Diamantminen auf der Welt bewirken, da die künstlichen Diamanten viel perfekter erzeugt werden könnten als die natürlichen. Das würde eventuell auch eine Gegenreaktion bewirken, so dass die Menschen vielleicht mehr für einen nicht perfekten natürlichen Diamanten bezahlen würden als für einen perfekten Künstlichen. Dieser Umstand würde wiederum eine Revolution in unserem Denken hervorrufen, denn der Wert der menschlichen "Imperfektion" würde sicherlich über dem der künstlichen Perfektion gestellt werden. Vielleicht wäre eine solche Auseinandersetzung ja sogar sehr positiv für unsere Gesellschaft, und wir würden lernen, die Welt der Invaliden bzw. der physisch kranken Menschen besser zu verstehen und schätzen zu lernen, oder aber uns selber schätzen zu lernen für den Fall, dass perfektere Wesen als wir uns eines Tages tatsächlich besuchen kommen.

Die oben erwähnten neuen- bzw. „smarten" Materialien werden nicht immer als solche angewendet. Manchmal sind sie auch Bestandteil von neuartigen Verbundmaterialien, von denen ich Ihnen in der Folge einen Überblick gebe:

Elektrorheologische Flüssigkeiten: Es handelt sich hierbei um Flüssigkeiten, die bei Anwendung eines elektrischen Stroms vom flüssigen in den festen bzw. geelartigen Zustand wechseln können und umgekehrt. Es ist auf diese Weise u. A. möglich, die Sporenbildung von Bakterien nachzuahmen, indem etwa künstliche Zellen mit fraktaler- und Nanotechnologie auf eine ähnliche Weise konserviert werden. Natürliche Sporen von Bakterien, und möglicherweise auch zukünftige künstliche Sporen, sind so widerstandsfähig, dass sie selbst größter Hitze widerstehen und sogar Jahrtausende lang überleben können, um wieder zum Leben zu erwachen, wenn die Umweltbedingungen sich verbessert haben. So gelingt es den Bakterien, zu überleben, wenn ihr Lebensraum austrocknet, versalzt oder sich radikal ändert. Ja sie können sogar in den Weltraum transportiert werden. Selbst nach Weltraumfahrten hat man nämlich auf der Außenhülle der Raketen einzelne irdische Bakterien festgestellt, die offensichtlich die Erde verlassen, und die Wiedereinkehr in die Erdatmosphäre vollkommen unversehrt überstanden hatten. Sie waren danach wieder völlig lebensfähig. Wir könnten also ganze künstliche Systeme in einen derartigen Tiefschlaf versetzen, um sie etwa nach einem langen Flug beliebig wieder aufzuwecken. Somit könnten unsere Maschinen und Sonden im Prinzip selbst in die entlegendsten Orte der Galaxie reisen - sie blieben bis dahin völlig unversehrt - was aber natürlich nicht klärt, wie wir dahin kommen sollen. Diese Methode ist derzeitig noch nicht auf den Menschen übertragbar, könnte es aber in Zukunft werden, sobald wir über eine derartige Technologie für Nanomaschinen und niedere Lebensformen verfügen.

Piezoelektrische Folien: Das sind Folien, die bei Kontakt Elektronen freigeben. Nachdem Geräte entwickelt würden, die nur einen ganz minimalen Stromverbrauch haben, könnten wir diese Geräte mit nur einem leichten Druck auf eine sensible Oberfläche in Gang setzen. Eine Raumfähre z. B., welche die ganze Reise lang inaktiv gewesen ist, könnte sich automatisch in Gang setzen, etwa in dem Moment, wo ihre Landekufen den Boden eines anderen Planeten berühren. Dieses einfache Prinzip würde eine umständliche elektronische Kontrolle völlig überflüssig machen. Zudem würden solche Raumfähren viel an Gewicht einsparen und daher auch weniger Treibstoff verbrauchen.

Materialien mit „Formgedächtnis": Schon seit dem Fall „Rosswell" ist uns allen klar, was das bedeutet: Eine Metallfolie nimmt in diesem Fall stets ihre alte Form an, egal, wie wir sie zerknautschen und verzerren. Zwar denke ich, dass man damit kein Raumschiff bauen kann, das sich wie in Rosswell einfach zerknautschen lässt, aber einige Bauteile davon schon. Ein typisches biologisches Beispiel für solche formstabilen Materialien ist der Muskel. Egal, wie wir ihn strecken und knautschen. Er nimmt immer wieder die alte Form an. Das geschieht dank seiner komplexen Zusammensetzung aus verschiedenartigen Fasern, die ineinander greifen wie ein Reißverschluss. Künstliche Materialien mit „Formgedächtnis" sind häufig Legierungen, bei denen ein Bestandteil sich anhand eines anderen orientiert, und so den gesamten Körper wieder in die gewohnte Stellung zu bringen vermag. Wenn wir hier ganz weit in die Zukunft blicken, sehen wir unter anderem zusammengefaltete Bälle, die die Galaxie durchqueren, um dann auf irgendeinem fernen Planeten sich in die Form eines ganzen Raumschiffs zu entfalten – unbemannt versteht sich! Und mit dem Raumschiff würden sich parallel dazu auch die gesamten Bordanlagen entfalten, die bis zur Ankunft noch nicht funktionsfähig gewesen wären.

Die derzeitige Entwicklung von komplexen „smarten Materialien" geht momentan in der Praxis hauptsächlich in die Richtung, dass Ingenieure in Labors solche Materialien auf Grund von Vorgaben Dritter zusammensetzen und entwickeln. Smarte Materialien müssen also den geforderten Ansprüchen genügen.

Unter den derzeitig wichtigsten Anwendungen von smarten Materialien befindet sich die bereits oben erwähnte Erhaltung von Brücken, Pfeilern und Gebäuden.

Eine zweite Forschungsrichtung wäre z. B. die Verringerung des Eigengewichts von Bauwerken und Strukturen, bei gleichzeitiger Erhöhung der Festigkeit. Das macht sich u. A. in sensiblen Bereichen wie der Raumfahrt bezahlt, wo jedes Gramm Mehrgewicht eine Unmenge an Treibstoff verschlingt.

Eine dritte derzeitige Anwendung von smarten Materialien sind die oben erwähnten Materialien mit Formgedächtnis. Schiffe und Flugzeuge, die mit diesen Materialien überzogen werden, sind aero- und hydrodynamischer als konventionelle, verbrauchen weniger Treibstoff und erzielen zudem eine höhere Geschwindigkeit. Das wird durch die Anpassungsfähigkeit der Außenschichten erzielt, die sich je nach Druck-, Wind- und Temperaturverhältnissen verformen, um stets den geringsten Widerstand zu leisten.

Schließlich können smarte Materialien auch Geräusche und Vibrationen aktiv absorbieren. Das erhöhte den Komfort und die Sicherheit, etwa in unseren Häusern und Automobilen. Zusammengesetzte smarte Materialien der Zukunft werden uns sicherlich noch mit ihren neuen Eigenschaften überraschen.

5. Interstellare Raumfahrt

Der Mensch hat es einst geschafft, Vögel nachzuahmen und sich in die Lüfte zu erheben. Ein weiterer Schritt in diese Richtung waren die ersten Raumflüge zum Mond. Derzeit besitzt der Mensch bereits Raumfähren, mit denen er Lasten – wie z. B. Satelliten – in eine Umlaufbahn bringen und Apparate – wie das Hubble-Weltraumteleskop – vor Ort reparieren kann, ohne es wieder zur Erde zurückbringen zu müssen. Andere Flugkörper sind bereits auf dem Mars gelandet (obwohl viele auf dem Weg dorthin unter sehr merkwürdigen Umständen verloren gegangen sind) und wiederum andere haben bereits das Sonnensystem verlassen (die Voyager-Sonden) und befinden sich nunmehr im so genannten „Tiefen Weltraum" (Engl.: „deep space"), auf dem Weg zu fernen Sternensystemen. Man erhofft sich von diesen letzten beiden Flügen, dass eines Tages vielleicht fremde Lebewesen die Sonden mit ihren Mitteilungen von der Erde entdecken, sie entziffern und uns antworten. (Manche denken, das wäre eine gar nicht so gute Idee ...)

Die NASA hätte sicherlich nicht so hohe Kosten auf sich genommen, nur um den Spieltrieb einiger weniger Personen zu besänftigen, die an fremde Zivilisationen glauben. Dies alles ist aber nur ein Kinderspiel, wenn man die Perspektiven neuer Technologien betrachtet, mit denen in naher Zukunft sogar andere Sternensysteme erreicht werden sollen.

Der derzeitige Status der diesbezüglichen Technik befindet sich jedoch zum größten Teil noch auf dem Niveau der chemischen Antriebe. Der nächste Stern – Proxima Centauri – ist bereits 4,3 Lichtjahre von uns entfernt. Das heißt, mit der alten Apollo-Fähre würden wir mehr als 900.000 Jahre brauchen, um dorthin zu gelangen. Die Voyager-Sonde hatte eine Geschwindigkeit von bereits ca. 60.000 km/h, als sie unser Sonnensystem verließ. So würde sie noch 80.000 Jahre brauchen, um zu diesem, unserem nächsten Stern zu gelangen.

Ein zweites Problem der heutigen Raumfähren ist der Treibstoff. Mit herkömmlichen chemischen Antrieben würde eine Raumfähre auf dem Weg nach Proxima Centauri womöglich mehr Treibstoff verbrauchen, als Materie überhaupt zur Verfügung steht. Das bedeutet: Sie würde niemals ankommen.

Wenn wir einen Nuklearantrieb verwendeten, wäre die Ausbeute ca. 10-20 mal besser. Wir bräuchten aber schätzungsweise immer noch eine Milliarde Supertanker an spaltbarem Material, um den nächsten Stern zu erreichen. Mit einem Fusionsreaktor, der Deuterium (schweren Wasserstoff) in Helium umwandelt, wären es immerhin noch eintausend Supertanker an fusionierbarem Material. Mit einem Ionen- oder einem Antimaterieantrieb - mit einer 100 mal besseren Effizienz - bräuchten wir immerhin noch ca. zehn Lastzüge voller Wasserstoff oder anderer Gase, um sie zu ionisieren bzw. sie mit Antimaterie zu versetzen. (Diese Daten stammen von der NASA und es wurde dazu angenommen, das Raumfahrzeug würde 900 Jahre für die Reise benötigen und der Antrieb würde die ganze Zeit laufen. Natürlich kann man sich auch einen Antimaterieantrieb vorstellen, der so ähnlich wie ein Ferrari beschleunigt und dann keine Beschleunigung mehr benötigt, da bereits eine angemessene Geschwindigkeit erreicht worden ist. In diesem Fall wäre die beim Antimaterieantrieb erforderliche Masse an Treibstoff und Betriebsstoffen natürlich prozentual geringer).

Wir könnten zwar auch mit einer geringeren Geschwindigkeit fliegen und somit viel Treibstoff sparen. Das würde jedoch wiederum viel zu viel Zeit in Anspruch nehmen und unsere Leute auf der Erde würden die Raumfahrer womöglich bald wieder vergessen haben.

Aus der Unmöglichkeit, die oben genannten Mengen an Treibstoff zusammenzustellen, ergibt sich auch die Unmöglichkeit, die Energie aufzubringen, die in diesem Treibstoff enthalten wäre. Auch wenn wir etwa einen Antigravitationsantrieb besäßen und keinen Treibstoff benötigten, müssten wir noch von irgendwoher – etwa für eine 50-jährige Reise nach Alpha Centauri – die Unmenge von 7×10^{19} Joules aufbringen, mit der sich praktisch unser gesamtes Sonnensystem in einer einzigen Explosion vernichten ließe. Wir brauchen also für unsere Reise entweder einen guten Treibstoff oder keinen Treibstoff und eine gute Energiequelle, die wir anzapfen können, ohne dass sie uns dabei während der Reise plötzlich ausgeht.

Aus obigen Überlegungen und aus der Analyse der derzeitigen Physik ist man letztendlich zu dem Schluss gekommen, dass mit den derzeitigen Kenntnissen eine interstellare Raumfahrt *nicht möglich* ist. Aus diesem Grund forscht man derzeit, ob es nicht doch eine „andere Physik" geben könnte als die, die wir uns offiziell und theoretisch vorstellen.

Die derzeitig anerkannte Physik erlaubt es nämlich nicht, die Lichtgeschwindigkeit zu überschreiten. Der Speziellen Relativitätstheorie nach zu urteilen, würde das einer unendlichen Menge an Energie bedürfen, da die Masse eines Körpers scheinbar ins Unendliche steigt, wenn wir ihn bis nahe an die Lichtgeschwindigkeit bzw. darüber hinaus beschleunigen. Da wir aber u. A. im Stande sind, Elektronen in Teilchenbeschleunigern, bis auf ca. 99 % der Lichtgeschwindigkeit zu beschleunigen, ist es vielleicht ja nur eine Frage der Technik, ob wir nicht doch ein ganzes Raumschiff derartig beschleunigen können. (Dazu ist zu sagen, dass Elektronen nicht über 99 % der Lichtgeschwindigkeit beschleunigt werden können, egal, wie viel Energie wir aufbringen. Es scheint, an dieser Stelle angelangt, eine Art „Verankerung" zu geben, die die Elektronen zurückhält.)

Aber ungeachtet dessen, ob sich Materie bei Lichtgeschwindigkeit in Energie umwandelt oder nicht, wie es Einstein vorsah – wenn wir diese Verankerung oder Barriere durchbrechen, wird es vielleicht auch möglich sein, die Geschwindigkeit noch weiter zu steigern, so ähnlich wie bei einer Polarisrakete, die ihre Geschwindigkeit um ein Vielfaches erhöht, sobald sie das dichte Medium Wasser verlässt und ins weniger dichte Medium Luft eindringt. Denn letztendlich ist der Raum auch nur ein Medium - auch wenn nicht unbedingt ein „Äther".

Ein anderes allgemeines Problem der Raumfahrt ist die Schwerkraft. Derzeit kann man noch nicht in einem Raumschiff umherspazieren wie auf der Erde. Daher wurden bei früheren Projekten Raumschiffe entworfen, die sich um die eigene Achse drehten, um eine so genannte „künstliche" Schwerkraft herbeizuführen. Der ultimative Durchbruch bestünde hier aber in der Erzeugung eines effektiven künstlichen Schwerkraftfeldes, da die Erzeugung von Feldern auch als Feldantrieb benutzt werden könnte.

Ein Raumschiff ohne künstliche Schwerkraft oder ein gleichwertiges System wäre für Astronauten ein unangenehmer Aufenthaltsort auf längere Zeit. Im Verlauf der Zeit verkümmern nämlich die Knochen und die Muskulatur, da sie nicht mehr voll ausgelastet werden. Am Zielort angekommen, müssten die Astronauten eventuell monatelang eine ganze Trainingsreihe durchführen, um sich wieder im Schwerkraftfeld eines anderen Planeten frei bewegen zu können. Wahrhaftig spielen die derzeit bestehenden medizinischen Probleme eine herausragende Rolle bei der interstellaren, aber auch der gewöhnlichen Raumfahrt zu fremden Planeten innerhalb unseres Sonnensystems, da auch kürzere Fahrten (etwa zum Mars) mehrere Monate, ja sogar Jahre (z. B. zum Uranus) dauern.

Glücklicherweise wurden in der letzten Zeit auch hier viele Fortschritte gemacht und man hat sich in medizinischer Hinsicht entschlossen, erst einmal mit der Erzeugung von kleinen, mechanischen, kraftfeldähnlichen Trainingseinrichtungen anzufangen, die es anhand von Seilen, Kabeln, Schlaufen und dergleichen einem menschlichen Körper erlauben, praktisch unter Erdkraftbedingungen zu trainieren. Dazu trainieren die Astronauten jeden Tag mehrere Stunden lang in einem sogenannten „Käfig" und können auf diese Weise zumindest die monatelange Reise zum Mars problemlos antreten.

Im Laufe der Zeit hat man sich auch viele Gedanken gemacht, wie man ein Raumschiff schnell und mit viel Energie antreiben könnte. In einigen vorläufigen Raumfahrtprojekten wurde beispielsweise in Erwägung gezogen, das Raumschiff mit kleinen Atombomben anzutreiben. Dazu würden ca. 5 Bomben pro Sekunde ausgeklinkt und der Stoß mit einer speziellen Plattform abgefangen. Dieses Raumschiff (Projekt Orion) wäre dann im Stande, etwa eine kleine Sonde zum Mars zu bringen.

Auch wenn es irgendwie merkwürdig klingen mag, so viele kleine Atombomben im vollen Flug abzuwerfen, erinnern modernere Projekte immer wieder an das Projekt Orion. Es werden nämlich Raumschiffe entworfen, die eine große Stahlplatte am Heck mit sich führen. Und diese Stahlplatte sollte beim Projekt Orion den Stoß der Atomexplosionen auffangen und das Raumschiff antreiben. Es sind in diesem Sinn auch andere Antriebsarten, wie Materie-Antimaterie-Antriebe entwickelt worden, deren Explosion hinter dem Raumschiff stattfindet und das Schiff anhand der entstehenden Druck- bzw. Gravitationswellen antreibt.

Eine dieser Antriebsarten ist ein Projekt, das unter dem Namen „Daedalus" vorgeschlagen wurde, und wo kleine Fusionsbomben verwendet werden sollten. Demnach würde Daedalus (zu deutsch „Fingerhut") wie Projekt Orion anhand von Explosionen angetrieben, die in diesem Fall aber keine einfachen Atombomben sondern kleine Wasserstoffbomben sind. Fusionsbomben gibt es theoretisch übrigens für ein jedes der derzeitig 105 Elemente der Periodentafel. Das fusionierbare Isotop für den Reaktor der Daedalus sollte einst auf dem Jupiter aufgetankt werden, der ja ein Gasplanet ist und viele verschiedene chemische Elemente enthält. Man stellte sich vor, mit diesem Antrieb in ca. 50 Jahren bis zum Stern Bernhard in einer Entfernung von 6 Lichtjahren zu gelangen.

Eine völlig andere Vision - das Bussard-Projekt - sah vor, freie Protonen im Flug aufzufangen, um sie als nuklearen Antrieb zu benutzen. Freie Protonen sind nichts weiter als Wasserstoffkerne, die es im Weltraum haufenweise gibt. Wasserstoff ist mit fast 95 % nämlich das häufigste Element im Universum, gefolgt von Helium, das unmittelbare Fusionsprodukt von zwei Deuteriumatomen (schweres Wasser). Da freie Protonen immer positiv geladen sind, könnten sie durch ein elektromagnetisches Feld geschleust und in einer Fusionskammer zu Helium verbrannt werden, so ähnlich wie in einem Stern.

Die bei obigen Projekten entstandene Hitze könnte eventuell zum Erhitzen von Wasser oder anderen Flüssigkeiten oder verflüssigten Gasen verwendet werden, die als Dampfstrahl das Raumschiff antreiben würden. Die bei den Explosionen bzw. Kernreaktionen freigesetzte Energie bzw. Druckwelle könnte aber auch direkt durch Triebwerke geleitet werden, um somit etwa einen Materiestrahl zu erzeugen, der das Raumschiff letztendlich antreibt.

Da all diese Kernexplosionen bzw. -fusionen sehr gefährlich sind und ein Raumschiff irgendwann zerstören könnten, neige ich persönlich eher dazu, einen Antrieb zu empfehlen, der wie ein Teilchenbeschleuniger funktioniert:

Da Elementarteilchen (z. B. Elektronen) in Teilchenbeschleunigern bis zu 99 % der Lichtgeschwindigkeit beschleunigt werden und anhand von Elektromagneten in verschiedene Bahnen geleitet werden können, kann man einen Teilchenbeschleuniger im Weltraum auch als Antrieb benutzen. Die Kräfte, die dabei entstehen, entsprechen dem Wechselwirkungsprinzip Newtons. Die Elementarteilchen würden dabei praktisch mit Lichtgeschwindigkeit aus dem hinteren Teil des Raumschiffs ausgestoßen werden wobei das Raumschiff wie ein gigantischer Teilchenbeschleuniger fungieren und vorwärts getrieben würde.

Das geringe Gewicht der Elementarteilchen würde das Raumschiff zuerst nur sehr langsam fortbewegen und vielleicht bräuchten wir anfänglich sogar noch einen anderen konventionelleren Antrieb, um aus dem Kraftfeld unseres Sonnensystems zu entkommen. Aber erst einmal im interstellaren Raum angelangt, würde ein konstanter Strahl aus Elementarteilchen uns letztendlich fast bis zur Lichtgeschwindigkeit antreiben, sobald eine Masse von der Größenordnung eines Bruchteils des eigenen Raumschiffs den Teilchenbeschleuniger passiert hätte.

Ein solches Raumschiff wäre sicherlich ziemlich groß, vermutlich viele Kilometer lang – eben wie ein Teilchenbeschleuniger. Der beste Beschleuniger wäre außerdem sicherlich ein Linearbeschleuniger, in dem die Teilchen wie durch eine Kanone hinauskatapultiert werden. Bei ringförmigen Beschleunigern wie Zyklotronen würde nämlich ein Teil der Energie verschwendet, und das Schiff durch die Stöße hin- und hergerüttelt werden. Bei einem Linearbeschleuniger entstünden jedoch nur Kräfte in einer einzigen Längsrichtung, die alle dazu dienen würden, unser Schiff nach vorne anzutreiben. Die Materie, um unseren Teilchenbeschleuniger anzutreiben, könnte wie oben auch auf dem Jupiter oder woanders aufgetankt werden. Eine zweite Tankladung wäre erst erforderlich, nachdem wir das ersehnte Ziel erreicht hätten. Und um zu Bremsen müssten wir unser Schiff nur um 180 Grad drehen, den Energieausstoß erhöhen, und uns auf die Landung vorbereiten.

Eine weitere Art von möglichem Antrieb basiert auf purem Licht. Licht besteht aus Photonen und diese haben zwar keine so genannte „Ruhemasse", aber dank ihrer enormen Geschwindigkeit (Lichtgeschwindigkeit) sind sie Träger einer großen Energie, die auch als relative Masse angesehen werden kann. Das Sonnenlicht wäre in diesem Fall im Stande, etwa ein großes Sonnensegel anzutreiben, an dem ein kleines Raumschiff oder eine Sonde gekoppelt ist. Genauso wie oben beim Teilchenbeschleuniger, würde das schwache Licht das Sonnensegel zuerst nur langsam vorantreiben. Aber mit der Zeit, im Verlauf der Wochen, würde das Schiff immer schneller werden. Da aber mit dem Abstand zur Sonne auch die Photonendichte abnehmen würde, bräuchten wir zudem eine künstliche Lichtquelle, um unser Sonnensegel voranzutreiben. Diese Quelle könnte nach dem heutigen Wissenstand etwa ein Laser sein. Und tatsächlich wurde in diesem Sinn im Kontext der möglichen Projekte für die NASA auch ein Lasersegelschiff entworfen, das die Herstellung eines 10-Gigawatt-Mikrowellen-Lasers vorsah, der durch eine Linse, ein 1 Kilometer großes und nur 16 Gramm schweres Segel antreiben sollte. Anscheinend begaben die Berechnungen, dass es keinen Grund zur anfänglichen Euphorie gab und dass es sehr schwierig sein würde, mit einem solchen Segel schwere Lasten voranzutreiben. Daher ist das Lasersegelprojekt eher für kleinere Raumfahrzeuge bzw. Sonden geeignet, darf aber nicht völlig in Vergessenheit geraten, denn es handelt sich hierbei um eine direkte Nutzung der Photonenenergie.

Abgesehen von Antrieben, die auf der herkömmlichen Physik beruhen, gibt es auch einige, die auf neuartigen Erkenntnissen in der theoretischen Physik aufbauen. Eine dieser Möglichkeiten ist die Krümmung des Raumes: Wie viele von Ihnen bereits wissen werden, stellte sich Einstein vor, die Schwerkraft – ausgelöst durch die Anwesenheit von Materie – könne den Raum selber krümmen. Diese Krümmung wäre bei weniger Materiedichte nur gering, aber z. B. in schwarzen Löchern , wo viel Materie in einem kleinen Raum zusammengepresst ist, wäre die Krümmung u. U. sogar so groß, dass sie unendlich sein könnte. Das würde bedeuten, ein solches Loch im Universum würde wie ein großer Trichter funktionieren und alles verschlingen, was sich ihm (d. h. dem Ereignishorizont) näherte. Daraufhin haben einige Physiker sich vorgestellt, man könne die Geometrie des Raumes so manipulieren, dass unser Zielort zu uns hin gekrümmt würde. In diesem Fall müsste unser Raumschiff nicht mehr so viel Treibstoff verbrauchen, um eine derartig lange Reise zu machen, denn der Zielort würde sich uns durch die Raumkrümmung von selber nähern. Die Krümmung des Raumes könnte z. B. anhand so genannter Wurmlöcher geschehen. Das sind Passagen von einem Ort des Universums zu einem anderen. Wurmlöcher entstehen theoretisch am Heck von Raumschiffen, die nahe der Lichtgeschwindigkeit reisen. Solche Löcher sind nicht etwa schwarz, wie die oben erwähnten Schwarzen Löcher, sondern eher durchsichtig und farblos wie ein Wasserstrahl, da sie im Prinzip keine lokalisierte Materie enthalten, die das Licht absorbieren könnte, sondern ein Kanal sind, durch den alle Materie und Licht sich frei (also mit Überlichtgeschwindigkeit) fortbewegt und daher effektiv kein Licht absorbieren kann.

Man hat aber berechnet, dass, um ein Wurmloch künstlich herzustellen, es einer überwältigenden Energie bedarf. So müssten wir etwa am Ausgangs- und am Zielort zwei große Ringe aus superschwerer Materie aufstellen. Diese Materie findet sich u. A. in Neutronensternen (kollabierte Sterne, die so dicht sind, dass sie praktisch aus einer Suppe von Elementarteilchen bestehen). Und die Ringe müssten so groß sein wie die Umlaufbahn der Erde. Dann müssten wir die Ringe sich praktisch mit Lichtgeschwindigkeit drehen lassen und sie einer ungeheuren elektrischen Spannung aussetzen. Erst dann – so die Berechnungen – würde sich ein künstliches Wurmloch öffnen. Offenbar ist momentan also die künstliche Erzeugung von Wurmlöchern noch ein undurchführbarer Traum, wozu heutzutage noch unvorstellbare Energien erforderlich wären.

Es gibt aber noch andere Varianten zu diesem Thema, wie anhand negativer Energie, die jedoch noch nicht entdeckt worden ist. Negative Energie ist per Definition das Fehlen von Energie. Theoretisch könnte dieser Fall aber tatsächlich eintreten, wenn sozusagen die Zeit „zurückgedreht" wird. Wäre es nämlich möglich, in einem kleinen Kernreaktor die Zeit zu manipulieren, würden dort alle Reaktionen rückwärts verlaufen und wir hätten negative Energie, wo zuvor positive Energie gewesen war. Negative Energie könnte aber auch das Ergebnisnegativer Masse sein. Diese Analogie ist so ähnlich wie bei Materie und Antimaterie zu verstehen.

Was können wir also tun, um derartig exotische Energieträger zu suchen? Da Wurmlöcher transparente Gebilde sind, die jedoch das Licht vom Sternenhintergrund absorbieren und nicht durchlassen, wären sie leicht als ein „Loch" im Hintergrund festzustellen. Daher wurde vorgeschlagen, zusätzlich nach negativer Masse zu suchen, wenn wir das Universum nach solchen Gebilden durchkämmen. Denn, wie bereits oben erwähnt, gibt es einen möglichen direkten Zusammenhang zwischen negativer Energie, negativer Masse und Wurmlöchern, wo offenbar die Zeit stark verzerrt ist.

Wenn wir negative Masse und positive Masse in einem Antrieb aneinander reihen, so entwickelt – der Theorie zufolge – die negative Masse auch eine negative Trägheit. Das heißt, sie wird wie auf einer schrägen Ebene angetrieben und zieht in ihrer Bewegung die positive Masse mit sich. Ein solcher Antrieb wäre übrigens sehr günstig, denn wir würden praktisch keinen Treibstoff mehr benötigen. Die Antriebskraft entstünde aus rein geometrischen Gründen im Raumgefüge, und unser Raumschiff würde das Universum durchqueren, so als ob es eine Rutschbahn hinunter gleiten würde. Für den Rückflug müssten wir nur noch die Konfiguration von positiver und negativer Masse umkehren, und schon hätten wir einen Schub in die andere Richtung.

Diese Ideen und Ähnliche sind heutzutage noch reine Spekulation. Es gibt aber Hoffnung in dieser Hinsicht, wie wir im folgenden Abschnitt sehen werden.

Der Urknalltheorie nach zu urteilen ist das Universum im Anfangsstadium seiner Entstehung mit einer Geschwindigkeit expandiert, die *weit über* der Lichtgeschwindigkeit gelegen haben muss, wenn man die derzeitige Ausdehnung des Universums in Betracht zieht. Das heißt, obwohl die Spezielle Relativität besagt, nichts könne schneller als Licht expandieren, könnte sich *der Raum selber* wohl schneller als das Licht bewegen, das er enthält. Aus diesem Grund haben einige Wissenschaftler gedacht, es könne eine Art „Korridore" im Raum geben, die sich schneller fortbewegen als andere. Wenn wir uns in einen dieser Korridore begeben würden, könnten wir die Welten in anderen Korridoren ohne jeglichen zusätzlichen Energieaufwand überholen.

Um einen ähnlichen Effekt in einem Raumschiff zu erzielen, müsste das Schiff - so glaubt man - mit mehreren Ringen aus negativer Energie umgeben sein. Diese Ringe könnten z. B. anhand von Wechselwirkungen zwischen so genannter „exotischer Materie" und dem Raum entstehen, wo sich ein Feld aus negativer Energie aufbauen würde. Das Problem dabei ist jedoch, wie man diese Ringe mit dem Schiff verankert und ob dann überhaupt noch eine angemessene Reisegeschwindigkeit erreicht werden kann, zumal es sich um gewaltige Ausmaße handeln müsste (wie alles, was der Theorie nach verwendet werden muss, um die Raumzeit zu manipulieren). Zudem müsste man das ganze Gebilde auch noch nach Belieben an- und ausschalten können, und das würde wiederum eine hochentwickelte Schalttechnik voraussetzen. (Es muss zusätzlich dazu gesagt werden, dass bisher keine Korridore im Weltraum gefunden wurden, die sich schneller als andere bewegten. Doch vielleicht haben wir noch nicht richtig hingeschaut!)

Wir sehen also, die Quantenmechanik bietet uns eine ganze Reihe von zusätzlichen exotischen und theoretischen Möglichkeiten für eine interstellare Raumfahrt, die wir allerdings aus der heutigen Sicht noch nicht in die Realität umsetzen können. Aber in einer nicht all zu fernen Zukunft könnten vielleicht Voraussetzungen für solche Technologien geschaffen werden, zumal sich Entdeckungen von unbekannten Phänomenen im Weltraum auf eine natürliche Weise mit der Zeit häufen. Wenn wir zudem all diese Möglichkeiten der Fortbewegung untereinander verbinden, sehen wir, dass sie alle etwas gemeinsam haben. Nämlich die Erzeugung eines Differenzials zwischen der Vorderseite des Schiffes und der Rückseite, so dass es zumindest theoretisch möglich wäre, eine Seite des Schiffes anzuziehen und die andere abzustoßen. Das Resultat wäre in allen Fällen immer ein Schub bzw. ein Impuls, der das Schiff vorantreiben würde. Um also unser hypothetisches Schiff zu bauen, würden wir u. A. über folgende Möglichkeiten verfügen:

Wie ein Radiometer (ein Apparat aus zwei Metallscheiben, eine weiß und die andere schwarz, die sich aufgehängt im Vakuum drehen, da eine Seite der Scheiben mehr

Wärme reflektiert als die andere, und somit ein Differenzial geschaffen wird, das das Radiometer sich drehen lässt) könnte das Schiff eine Seite haben, die Energie reflektiert, und eine andere, die Energie absorbiert. Die Strahlungsdifferenz zwischen beiden Seiten würde dann das Schiff antreiben. Dabei würde man u. A. die Vakuum- bzw. Nullpunktenergie nutzen, die sich bereits anhand von verschiedenen Experimenten, wie beim Casimir-Effekt, als erwiesen herausgestellt hat.

Das Raumschiff könnte auch aus einer Art Halbleitermaterial bestehen, das Energie an einem Ende durchlässt, nicht aber am anderen Ende. Es gäbe demnach einen reinen Impuls in eine Richtung und das Schiff würde angetrieben werden. Da sich das Licht und andere elektromagnetische Energien mit Lichtgeschwindigkeit fortbewegen, könnte unser Schiff mit der Zeit auch die Lichtgeschwindigkeit erreichen, da diese direkt auf das Schiff übertragen werden würde.

Eine Variante dieser Methode ist, ein Raumschiff mit einem Durchlässigkeitsgefälle für elektromagnetische Strahlung auszustatten, so dass der Nettoimpuls immer in die selbe Richtung zeigt und das Schiff somit außerdem ein Heck und einen Bug besitzen könnte.

Wenn wir in unserem Raumschiff zwei Feldgeneratoren aufstellten, die diametral entgegengesetzte Felder erzeugten, könnte man ein Gefälle im Raumkontinuum schaffen, dass das Schiff in eine bestimmte Richtung gleiten ließe. Es wird sogar vermutet, dass die Erzeugung eines solchen Gefälles auch ohne die Zuhilfenahme von Feldgeneratoren möglich ist.

Eine andere Möglichkeit wäre, die lokalen Eigenschaften des Raumes zu verändern, so dass parallel dazu auch die Gravitationskonstante G verändert wird. Dadurch erhielte man auch ein Gefälle, auf dem das Schiff sozusagen hinuntergleiten könnte.

Letztendlich wurde noch die Möglichkeit in Erwägung gezogen, dass Ursache und Wirkung (wie etwa Masse und Gravitation) ausgekoppelt werden können. Man könnte demnach eine beliebige Masse an einem beliebigen Punkt im Schwerkraftgefälle aufstellen und sie schneller vorantreiben, als es für gewöhnlich üblich ist.

Nicht zu aller letzt sei im theoretischen Bereich auch die Idee des Autors erwähnt, die bereits in Buch „Raumfahrzeuge der Zukunft" näher erläutert ist. Hierbei wird die so genannte „Hintergrundfeldtheorie" angewandt, die besagt, der Raum bestünde aus einer absoluten Leere (ein Raum ohne Eigenschaften und daher auch ohne Widerstand) und einem Hintergrundfeld (der Ursprung von Trägheit, Schwerkraft und aller anderen Kraftfelder). Mit Hilfe eines konzentrierten elektromagnetischen Strahls (z. B. von einem Mikrowellenlaser) wäre es durchaus möglich – wie in den erfolgreichen Experimenten rund um den so genannten „Tunneleffekt" (Überlichtgeschwindigkeit bei der Übertragung von Radiowellen) – die Feldlinien des Hintergrundfeldes mit elektromagnetischen Wellen zu „verdünnen", so dass letztendlich der natürliche Widerstand (Trägheit) des Raumes verringert würde. Wenn die Dichte des Hintergrundfeldes durch die erhöhte Dichte an elektromagnetischen Wellen abnimmt, reduzieren sich auch parallel dazu die Eigenschaften des Raumes – das heißt Trägheit, Schwerkraft und andere Kraftfelder. Es entstünde somit praktisch ein

„Loch" im Raum, in dem praktisch kein Widerstand (das heißt keine Trägheit) mehr existiert.

Ausgestattet mit einer relativ einfachen Strahlertechnologie könnte daher unser Schiff eine theoretisch *unendliche* Geschwindigkeit erreichen. Dazu müsste man *vor* dem Raumschiff eine große Antennenschüssel oder eine andere Art Strahler installieren, der zumindest den Durchmesser des Raumschiffs haben müsste. Denn das Raumschiff würde durch das so entstandene Loch regelrecht hindurchschlüpfen. Wäre das Loch zu klein, würde sich das Zentrum des Raumschiffs schneller bewegen als die Peripherie, und das Schiff würde auseinander gerissen werden.

Nachdem der Laser also angeschaltet wäre, könnte sich das Schiff anhand eines beliebigen Aggregats in jede gewünschte Richtung bewegen. Die fehlende Trägheit im Raumloch vor dem Bug des Raumschiffs würde es zudem erlauben, in relativ kurzer Zeit extrem hohe Geschwindigkeiten zu erreichen – theoretisch sogar bis zur „Augenblicksgeschwindigkeit" (das bedeutet so viel wie unendliche Geschwindigkeit), vorausgesetzt, das Loch im Hintergrundfeld ist groß und perfekt genug um den Widerstand des Raumes (Trägheit, usw.) auszuschalten.

Da die Technologie zu dieser Idee eher einfach zu sein scheint, denke ich, dass die NASA sie bald aufgreifen und testen wird. Diese Art von Antrieb ist jedoch nur weit außerhalb des Gravitationsfeldes unseres Sonnensystems möglich, praktisch im interstellaren Raum. Der Grund dazu, sind die Wechselwirkungen zwischen dem Schiff und den Kraftfeldern der Sonne und Planeten, die steigen, sobald wir die Geschwindigkeit des Schiffes innerhalb dieser Kraftfelder erhöhen. Aber das ist kein Handicap, sondern eher eine Vorsichtsmaßnahme der Natur. Denn Sie können sich sicherlich vorstellen, was passieren würde, wenn ein großes Raumschiff mit Überlichtgeschwindigkeit nahe der Erde vorbeifliegen würde. Eine wahrhaftige Katastrophe des Weltuntergangs!

Nach all diesen Antriebsvorschlägen, ist es in der Meinung vieler wahrscheinlich, dass in absehbarer Zukunft sich zuerst das Antriebsprinzip mit der Antimaterie durchsetzt, es sei denn, es werden neue Erkenntnisse zu anderen Möglichkeiten gefunden, von denen die wichtigsten hier vorgestellt worden sind. Die NASA liebäugelt auch bereits mit der Antimaterie. Denn mit ihr könnte man leicht durch unser Sonnensystem navigieren. Ein Gramm Antimaterie birgt ungefähr genauso viel Energie, wie 1000 „Boosterraketen" (das sind die großen Antriebstanks der Columbia, Challenger, etc.), die die derzeitigen Raumfähren benutzen um die Erdanziehungskraft am Anfang der Reise zu überwinden.

Antimaterie kann unter bestimmten Bedingungen auch relativistisch aus energiereichen Gammaquanten (also Gammastrahlen oder „hartes Licht") erzeugt werden. Dabei verwandeln sich zwei zusammenstoßende Gammaquanten in ein Elektron-Positron-Paar, wobei das Positron (positives Elektron) aus Antimaterie besteht. Da das Positron eine positive Ladung besitzt, entgegengesetzt zum Elektron mit einer negativen Ladung, kann man das positive Teilchen leicht mit einem starken Elektromagneten vom Elektron trennen und es danach für eine gewisse Zeit in einem

Magnetfeld stabilisieren. Mit einigen Milliardstel Gramm Antimaterie könnte man zudem eine 400 Tonnen schwere Raumfähre zum Mars und zurück in nur vier Monaten befördern, inklusive einem einmonatigen Aufenthalt auf der Oberfläche des Roten Planeten. Antimaterie wäre also das ideale Antriebsmittel für die planetare Raumfahrt von morgen (bzw. von heute, denn wir betreiben ja schon planetare Raumfahrt).

Obwohl der Zerfall eines Elektron-Positron-Paars in Gammastrahlen zur Energiegewinnung aus Antimaterie denkbar einfach ist, sind Elektronen ziemlich schwierig in magnetischen Feldern zu handhaben, da sie sehr leicht und flüchtig sind. Daher nimmt man dazu heute vorzugsweise Protonen und Antiprotonen. Diese erzeugen bei Wechselwirkungen Pionen (eine andere Art Elementarteilchen), die wiederum in Gammastrahlen zerfallen. Es können auch Muonen und Neutrinos plus Elektron-Positron-Paare entstehen, die selber auch wieder in Gammastrahlen zerfallen.

Mehrere Milliardstel Gramm Antiprotonen werden übrigens jedes Jahr im Partikelbeschleuniger des C.E.R.N. (Europäisches Kernforschungszentrum) in der Schweiz hergestellt. Leider ist derzeitig die Ausbeute dieser Form von Antimaterie noch sehr gering. Zwar werden alle 10 Minuten, eine Milliarde Antiprotonen erzeugt, aber nur 1000 davon können wieder eingefangen werden. Diese kleine Anzahl Antiprotonen wird dann abgebremst, weit unter Null „eingefroren" und in speziellen Magnetflaschen gelagert. Die Magnetflaschen, die derzeitig dazu in Vorbereitung sind, können 10 Milliarden-, Hochleistungsflaschen sogar bis zu einer Trillion sogenannter „kalter Protonen" (das sind stabilisierte Protonen) transportieren – genug, um einige Dutzend aufschlussreiche Experimente damit durchzuführen. Mit diesen eher kleinen Metallflaschen würde die Antimaterie vom C.E.R.N. zu den verschiedenen NASA-Labors gebracht, um sie dann für Raketenantriebe zu testen.

Vom heutigen Standpunkt der Dinge aus wird aber diese Antimaterie nicht etwa dazu benutzt werden, um den Raum zu krümmen oder für Ähnliches, sondern sie wird lediglich als Hitzequelle verwendet werden, um ein hochenergetisches Gas in einer Düse anzutreiben. Die Fusionshitze der Antimaterie würde dabei auf einen Wolframkern übertragen, und dieser würde wiederum Wasserstoffgas erhitzen, das beim Austritt aus der Düse das Raumschiff wie ein Katapult antreibt. Der Schub, der von einer solchen Quelle zu erwarten ist, ist der doppelte der derzeitigen äußeren großen Booster von Raumfähren. Der Schub kann aber theoretisch noch bis zu 1000 mal gesteigert werden, wenn die Partikelströme aus der Wechselwirkung zwischen Protonen und Antiprotonen anhand von elektromagnetischen Spulen abgefangen und abgeleitet werden.

So ähnlich wie bereits für das Orion-Projekt geschildert, kann mit dieser neueren Methode der Ableitung auch hier ein Schiff mit einer Reihe von Fusionsexplosionen angetrieben werden. Dabei würden Antiprotonen auf kondensierte Materiebällchen geschossen und eine riesige Metallplatte würde dann die Stöße, die sich daraus ergeben, absorbieren, um das Schiff letztendlich anzutreiben. Ein solcher Antrieb wäre dann im Stande, Menschen etwa bis zum Pluto und zurück zu befördern.

Es ist hier auch erwähnenswert zu sagen, dass auch andersartige Anwendungen von Antimaterie schon in Vorbereitung sind. So etwa die Beschießung von Tumoren mit Gammastrahlen bzw. Antimaterie in der Medizintechnik und für die Feststellung von Mikrorissen in Metallgebilden, mit einer höheren Auflösung als die derzeitig verwendeten Röntgenstrahlen. Fast 100 Jahre nach Röntgen würde in diesem Sinn nun das neue Zeitalter der Gammastrahlenanwendungen beginnen.

Wie wir also zusammenfassend sehen, ist der heutige Stand der Technik und der Forschung scheinbar noch weit entfernt von der interstellaren Raumfahrt. Um diese zu erreichen, benötigen wir zumindest drei wesentliche Erneuerungen in der Physik: Nämlich eine Methode, um den Treibstoffverbrauch auf ein absolutes Minimum oder sogar auf Null zu reduzieren, um damit das Raumfahrzeug zu entlasten. Außerdem müssen wir noch die Fluggeschwindigkeit ziemlich erhöhen – vielleicht durch einen direkten Eingriff in die Struktur der Raumzeit. Dazu bedenke man nur, dass alles, was in der Schwerelosigkeit mit Feldern oder elektromagnetischer Strahlung angetrieben wird, natürlich mit der Zeit auch die Lichtgeschwindigkeit erreichen kann. Denn die von uns verwendeten Photonen bzw. Kraftfelder bewegen sich nun mal mit Lichtgeschwindigkeit, die direkt auf das Schiff übertragen werden kann. Und zuletzt brauchen wir eventuell noch eine neue Energiequelle, da die uns derzeitig verfügbaren Energien für die interstellare Raumfahrt nicht ausreichen. Die Barriere der Lichtgeschwindigkeit könnte zudem überwunden werden, wenn wir feststellten, warum es eine Trägheit gibt, und wie wir sie überlisten können.

Der Sprung zur interstellaren Raumfahrt wird von der NASA bereits intensiv untersucht. Zu diesem Zweck wurden auf der Grundlage vieler neuer Erkenntnisse in der Physik verschiedene Studien vorgenommen, um u. A. Folgendes zu klären:

- **Die Verbindung zwischen Materie und Trägheit:** Anhand von veränderlichen Energieflüssen soll die Trägheit reduziert werden, die auf der Materie lastet. Ein positives Resultat dieses Experiments würde es einem Raumschiff erlauben, schneller zu fliegen und zu manövrieren, da der Widerstand des Raumes kontrolliert werden könnte (so ähnlich wie bereits anhand der Hintergrundfeldtheorie oben angedeutet).

- **Die Verbindung zwischen Superleitern** (das sind Leiter, bei denen der elektrische Widerstand durch eine sehr tiefe Temperatur aufgehoben wurde) nahe dem absoluten Nullpunkt ($0°$ K bzw. $-273°$ C) und der Schwerkraft: Man könnte auf diese Weise die Schwerkraft vor dem Schiff aufheben und es so antreiben. Im Schiff könnte es eine künstliche Schwerkraft ferner den Raumfahrern erlauben, sich wie auf der Erde gewohnt im Schiff umher zu bewegen, ohne dabei immer wieder von der Schwerelosigkeit beeinträchtigt zu werden.

- **Die Möglichkeit der Überlichtgeschwindigkeit:** Dabei würde das Raumschiff vielleicht von einer Energiewelle angetrieben werden, die schneller als das Licht ist und das Raumschiff sozusagen mitschleppen kann. Zu diesem Zweck müsste man jedoch zuerst so genannte „Tachyonen" finden, die sich offenbar schneller als das Licht bewegen.

- **Letztendlich** wird **noch** untersucht, inwiefern **negative Energie** für die Überlichtgeschwindigkeit erforderlich ist oder ob man dazu nicht auch andere Mittel verwenden kann bzw. ob negative Energie nicht auch andere Anwendungen hat.

Es gibt noch eine ganze Reihe anderer Untersuchungen, die derzeitig laufen, wie über Antigravitation, die Veränderung des Zeitflusses anhand von Materie und Energie sowie die Nutzung der Nullpunktenergie, die im Vakuum enthalten ist.

Die Nullpunktenergie ist eine möglicherweise sehr wichtige zukünftige Energiequelle, weil man berechnet hat, dass eine Tasse voll solcher Vakuumenergie ausreicht, um die gesamten Weltmeere der Erde zum kochen zu bringen. Zwar klang diese Idee unglaubwürdig, als sie vorgestellt wurde, aber heutzutage ist man sich sicher, dass die Quantenmechanik dies zulässt.

Die Nullpunktenergie muss man sich so vorstellen, dass es physikalisch *unmöglich* ist, einen perfekt leeren Raum zu erzeugen. Selbst wenn wir in den Tiefen des Alls einen kleinen Quadranten mit einem überdimensionalen Staubsauger völlig leer fegen würden, enthielte dieser scheinbar leere Raum noch immer Kraftfelder und Strahlungen von fernen Sternen und Galaxien. Wenn wir zudem all diese Kraftfelder und Strahlungen absaugen könnten (was praktisch unmöglich ist), enthielte der daraus resultierende Raum immer noch eine Restenergie, die völlig andere Eigenschaften besitzt als die elektromagnetische Energie, die wir kennen. Sie verringert sich nämlich nicht mit dem Quadrat des Abstands wie die elektromagnetische Energie, sondern mit der vierten Potenz desselben. Der Name "Nullpunktenergie" kommt daher, dass es eine Energie ist, die selbst bei absoluter Energielosigkeit – eben beim absoluten Nullpunkt – noch existiert. Die Nullpunktenergie im gesamten Universum ist ferner praktisch unerschöpflich und würde daher eine ganze Ewigkeit dauern.

Eine unendliche Energiequelle wäre zudem auch ein großer Durchbruch in der Physik und der Beginn neuer Antriebe und Anwendungsmöglichkeiten. In diesem Sinne wird zudem untersucht, inwiefern die Geometrie einer oder verschiedener Oberflächen die Energiedichte des Vakuums beeinflussen kann. Man vermutet, dass man z. B. auf der Oberfläche eines Kubus diese Energie dadurch verändern kann, dass man die Maße der Seiten des Kubus variiert. Man könnte also theoretisch ein Raumschiff anhand einer Reihe von Aggregaten antreiben, die lediglich darin bestünden, die relative Oberflächenbeschaffenheit von Tausenden kleiner geometrischer Figuren, wie Kuben, Sphären, usw., zu verändern. Dieser Antrieb würde wahrhaftig nur noch wenig Treibstoff benötigen – nämlich den, um die Oberfläche der geometrischen Gebilde nach Belieben anhand kleiner Motoren zu verändern. Zudem könnten wir auch praktisch die Lichtgeschwindigkeit erreichen, da die Kräfte des Raumes sich mit einer solchen Geschwindigkeit ausbreiten und diese direkt auf unser Schiff übertragen werden würde.

Ich bin zuversichtlich, dass obige schemenhafte Aufzählungen aus zum Teil geheimen Forschungen schon bald zu einem ansehnlichen Ergebnis kommen werden. Wenn wir die Geschichte hinzuziehen, sehen wir, dass es im Durchschnitt ca. 20 Jahre bedarf, um eine plausible Theorie in die Praxis umzusetzen. Zuerst muss aus einer Idee eine Wissenschaft erzeugt werden und dann muss diese Wissenschaft funktionelle Technologien ergeben. Zuletzt muss diese Technologie wirtschaftlich und zudem noch umweltfreundlich sein. Umweltfreundlich, weil wir es hier mit E-nergien zu tun haben werden, die in einem Bruchteil einer Sekunde die gesamte Menschheit, und mit ihr das gesamte Sonnensystem zerstören könnten.

Wenn uns die Kontrolle über die Nullpunktenergie oder die Schwerkraft aus den Händen gerät, könnte die Erde sich u. U. in ihre Einzelteile zerlegen – sie würde also „atomisiert" werden, und wir natürlich mit ihr. Es gibt auch Vermutungen, dass die Erzeugung größerer Energien Teilchen kreieren könnte – so genannte „Strangelets" –, die andere Teilchen derart verändern, dass die uns gewohnte Materie ihr Gefüge verliert. Solche Strangelets würden wie ein Virus oder ein Prion (kranke Moleküle, die andere Eiweiße, wie etwa bei der Rinderkrankheit BSE, verändern) agieren. Eine dem entsprechende Behandlung der betroffenen (kranken) Materie wäre in diesem Fall notwendig, um unsere gewohnte Umgebung wieder herzustellen.

Leider werden für gewöhnlich Reparaturen immer erst dann durchgeführt, wenn der Schaden schon angerichtet ist. So ist es auch immer in der Medizin gewesen. Wie aber in der modernen Prävention, müssen wir auch bei der neuen Physik vorsichtig sein, und dürfen nicht leichtsinnig etwa mit Stahlflaschen voller Antimaterie oder ähnlichem umgehen. Denn es bedarf in diesem Fall vermutlich nur der Anwesenheit eines starken elektromagnetischen Feldes (das wir vielleicht nicht bemerkt haben oder das durch einen Unfall in einem Reaktor oder in einer Stromleitung entstanden ist), um die Antimaterie zu destabilisieren und die Flasche eventuell zur Detonation zu bringen. Dabei würde sicherlich ein großer Schaden angerichtet werden und nicht nur die Flasche, sondern eine große Fläche würde sicherlich, wie in einem kleinen Urknall, verschwinden.

Dessen ungeachtet, wird sich aber sicherlich immer wieder jemand finden, der diese Flaschen oder ähnlich gefährliche Materialien transportiert - genauso wie damals bei der Erfindung des Nitroglycerins. Erst nach vielen Unfällen und Explosionen von mit Nitroglycerin beladenen Pferdekarren, gelang es Alfred Nobel letztendlich das Nitroglycerin als Dynamit (in Kieselerde aufgesagtes Nitroglycerin) zu stabilisieren. Dabei war das Nitroglycerin doch nur ein Produkt, das im Prinzip aus ganz einfachen Fetten und Ölen gewonnen wurde.

Und heutzutage arbeiten wir bereits mit TNT, Plastiksprengstoffen und anderen modernen Sprengstoffen, die man sogar wie einen Kaugummi zerkauen kann, ohne dass sie dabei explodieren. Es sei hier auch kurz erwähnt, dass trotz der explosiven Wirkung, früher Nitroglycerin sogar als Medikament erfolgreich gegen viele Arten von Krankheiten – als so genanntes Allheilmittel – verwendet wurde. Wir als Anwender von vollendeten Technologien brauchen also keine Angst zu haben, vernichtet zu werden. Aber die Pioniere in den Labors und im Freien arbeiten schon mit einem gewissen Risiko. Es werden allerdings verschiedene diesbezügliche Sicherheitsmaß-nahmen getroffen, die sicherstellen sollen, dass nichts Ungeahntes geschieht. Und dennoch passieren immer wieder Unfälle wie in Tschernobyl, wo die absolute Katastrophe nur dadurch verhindert wurde, dass ungeschützte Arbeiter ausgeschickt wurden, um den Gau-Reaktor mit einer Betonmasse zu versiegeln.

Auch bei den ersten Atomexplosionen in den amerikanischen Wüsten wurden zuerst Soldaten und Zivilisten einfach der Strahlung ausgesetzt, da damals niemand ahnte, was für verheerende Folgen diese bei Lebewesen haben könnte. Erst nach vielen Sterbefällen und Mutationen wurden moderne Sicherheitsvorkehrungen getroffen. Seien wir also vorsichtig, ohne aber dabei unsere eigenen Ziele zu vergessen.

6. Kalte Fusion?

Im Prinzip gibt es in unserer Welt nur wenige grundlegende Möglichkeiten einer materiellen Reaktion: Biochemische, Chemische und Nukleare. Diese Anordnung, von links nach rechts, deutet auf die Energie hin, die angewendet wird, um eine dieser Reaktionen in Gang zu setzen: Eine biochemische Reaktion, die innerhalb einer lebenden Zelle stattfindet, benötigt nur einen Bruchteil der Energie, um in Gang gesetzt zu werden, als eine chemische Reaktion im Reagenzglas. Wenn wir mit ausschließlich chemischen Mitteln etwa ein Stück Brot in Zucker aufspalten wollen, müssen wir zuvor das Brot anfeuchten und eine starke anorganische Säure dazugeben, wie Salz- oder verdünnte Schwefelsäure. Schon nach wenigen Minuten können viele Zuckerstoffe in der Lösung nachgewiesen werden.

Der große Nachteil dieses Verfahrens: Das Endprodukt ist stark mit Säure kontaminiert. Geringste Mengen Sauerstoff oxidieren die organische Materie und bilden dabei dunkle Farbstoffe (Kulör), welche die Lösung verfärben. Außerdem haben wir viel Energie verbraucht bzw. freigesetzt und unsere Lösung hat sich daher ziemlich erwärmt, was weitere Kettenreaktionen in Gang gesetzt, und alles organische im Reagenzglas aufgelöst hat.

Eine bessere Methode der Zuckergewinnung wäre z. B. die sanfte Spaltung des Brotes anhand von Bakterien oder Enzymen, die von diesen Bakterien produziert werden. Ein Enzym ist ein Eiweißstoff, der die Eigenschaft besitzt, gewisse chemische Verbindungen aufzuspalten. So können z. B. Zucker, andere Eiweißstoffe oder auch Fette, Öle und Zellulose gespalten und in ihre Bestandteile zersetzt werden. Im Endeffekt sind es also die Enzyme, die mit nur einem ganz geringen Energieaufwand Brot in Zucker aufzuspalten vermögen. Das Resultat ist schon nach wenigen Minuten eine mehr oder weniger wohlschmeckende, leicht gesüßte Zuckerbrühe. Ähnliche Verfahren haben unsere Vorfahren bereits bei der Herstellung von Bier und anderen alkoholischen Getränken verwendet.

Bei atomaren bzw. nuklearen Reaktionen ist die erforderliche bzw. freigesetzte Energie noch viel heftiger als bei chemischen. Obwohl bei jeder chemischen Reaktion, laut Einstein, ein geringer Anteil der Masse sich in Energie umwandelt und diese sich letztendlich als Wärme im Reagenzglas manifestiert, werden bei chemischen Reaktionen lediglich elektromagnetische Kräfte freigesetzt, während bei atomaren bzw. nuklearen Reaktionen auch schwache bzw. starke Kernkräfte eine Rolle spielen. Während elektromagnetische Energie (wie etwa das Licht in all seinen Erscheinungsformen) von Niveauänderungen in den Elektronenlaufbahnen der Atome stammt, stammen Kernkräfte vom Verschmelzen bzw. Aufspalten von Elementarteilchen. Während die elektromagnetische Kraft bereits durch Reibungswärme freigesetzt werden kann (so entstehen z. B. Photonen in erhitzten Atomen, die wiederum anhand von Wechselwirkungen Elektronen in ihren Laufbahnen versetzen können), basiert die starke Kernkraft auf der Kraft der Gluonen (lichtähnliche Teilchen, die nur mit dem Atomkern, aber nicht mit Elektronen wechselwirken). Gluonen halten nämlich Quarks (Bausteine der Elementarteilchen) zusammen und sind so energiereich, dass sie isoliert gar nicht existieren können.

Bei den uns bekannten Fusions- bzw. Spaltungsreaktionen (Wasserstoff- bzw. Atombombe) werden Atomkerne zusammengepresst und verschmolzen bzw. radioaktives Material zusammengeführt, so dass eine Kettenreaktion entsteht. Bei der Atombombe erzeugt die schwache Wechselwirkung (schwache Kernkraft) den Zerfall des Atomkerns. Die hohe Dichte an radioaktivem Material in der Atombombe sorgt zudem für eine Kettenreaktion, bei der für gewöhnlich die durch natürliche Radioaktivität freigesetzten Neutronen andere Atomkerne bombardieren und sie auch zum Zerfall bringen.

Um jedoch eine Wasserstoffbombe zu zünden, müssen Deuteriumkerne (Kerne vom "schweren Wasserstoff" Deuterium, die anstatt des einzelnen Protons des Wasserstoffs auch ein Neutron haben, das fast genauso viel wiegt, und deshalb das Deuterium das doppelte wiegt wie der Wasserstoff), die wie alle Kerne positiv geladen sind, so nahe zueinander gebracht werden, dass die elektromagnetische Abstoßung überwunden wird und die starke Kernkraft die Kerne letztendlich verschmelzen lässt. Da aber die elektrische Abstoßung mit dem Quadrat der Distanz (das heißt der Annäherung) wächst, sind enorme Energien erforderlich, um die Hürde der elektromagnetischen Abstoßung bei winzigsten Distanzen zu überwinden. Da die starke Wechselwirkung aber viel stärker als die elektromagnetische Kraft ist, erhält man im Endeffekt theoretisch viel mehr Energie, als man in die Reaktion investiert hatte.

Um die erforderliche Temperatur bzw. den erforderlichen Druck zu erzeugen, um eine Wasserstoffbombe zu zünden, benötigt man einen Zünder. Dieser Zünder ist für gewöhnlich eine modifizierte Atombombe, die die Deuteriumkerne derartig komprimiert, dass sie miteinander verschmelzen. Mit der Kraft unserer Hände oder eines Verbrennungsmotors (Kolben) könnte man das Deuterium nicht zum Verschmelzen bringen, da die elektrische Abstoßung nicht überwunden werden könnte.

Nun gibt es einige (zumindest anfänglich) anerkannte Wissenschaftler, die behaupten, man könne die Energie der elektromagnetischen Abstoßung dadurch überbrücken, dass die diesbezüglichen Atome (Deuterium) auf eine natürliche Weise (also ohne großen Energieaufwand) so nahe zusammengepackt werden, dass sie miteinander verschmelzen (fusionieren). Das könne anhand von einfachen Anlagen geschehen, wie z. B. mit Palladiumplatten, die Wasserstoff (und auch Deuterium) auf ihrer Oberfläche chemisch anreichern. Der Prozess wäre dann etwa wie bei einem Katalysator, der die erforderliche Reaktionsenergie auf ein minimales Niveau senkt. Zwar hatte man diesen Anreicherungsprozess in vielen Labors schon Tausende Male beobachtet – denn er dient u. A. in der Katalysatortechnik dazu, organische und anorganische Stoffe zu hydrieren (mit Wasserstoff zu versetzen) – aber die Verfechter der Kalten Fusion behaupten ferner: Wenn man den üblicherweise relativ kurzen Prozess über eine viel längere Zeit laufen lässt, erhöht sich die Dichte des Wasserstoffs (Deuteriums) derartig, dass eine Fusion effektiv möglich ist.

Der Apparat, der das zu tun vermag, wäre nichts weiter als ein elektrochemischer Elektrolysator. Deuteriumoxyd (D_2O, schweres Wasser) wird dabei elektrolysiert und die positiven Deuteriumione (D^+) werden an einer Palladiumkathode (-) elektrisch verdichtet. Von der Platinumanode (+) wandern Elektronen von den Sauerstoffionen (O^{-2}) zur Kathode, verbinden sich dort mit den bestehenden positiven Deuteriumionen und bilden wiederum freies Deuteriumgas. Beim Entstehen ist dieses Gas atomares Deuterium (D), das viel reaktiver als molekuläres Deuterium (D_2) ist und sich auch mehr auf der Palladiumkathode konzentriert. (Palladium ist bekannt dafür, dass es Wasserstoff und andere Gase auf seiner Oberfläche absorbiert). Beide Elektroden befinden sich dabei in einer Lösung aus 0,1 molarem Lithiumdeuteroxyd (Lithiumhydroxyd, wo ein Wasserstoffatom durch ein Deuteriumatom ersetzt ist – also eine alkaline Base) in Deuteriumoxyd (schwerem Wasser). Damit ein effektiver Elektronenfluss zu Stande kommen kann, muss die elektrische Spannung mindestens 1,54 Volt betragen. Je höher die Stromstärke, desto höher ist der galvanostatische Druck, so dass die Stromstärke letztendlich die Deuteriumdichte und den Zeitpunkt der Fusion bestimmt – so die Verfechter.

Seit dem ersten derartigen Experiment 1989 wurden bereits über 190 ähnliche Experimente durchgeführt. Einige davon mit außergewöhnlichen Resultaten, andere wiederum widersprüchlich und ein großer Rest völlig erfolglos. Es wurden bei vielen Experimenten jedoch Indizien einer überschüssigen Wärme gefunden. Überschüssige Wärme bedeutet, dass die entstandene Wärme aus der Reaktion größer war als die aufgebrachte Energie. Zudem konnten anhand dieser Experimente auch exotische Materialien hergestellt und Techniken bereitgestellt sowie eine ganze Reihe von möglichen Fusionsprodukten festgestellt werden. Unter ihnen auch (so die jeweiligen Forscher) Tritium (ein Fusionsprodukt des Deuteriums) und eine ganze Reihe von Metallen und Schwermetallen wie Calcium, Titanium, Eisen, Chrom, Mangan, Kobalt, Kupfer und Zink, die eigentlich nicht entstanden sein dürften, aber trotzdem in der Palladiumzelle mit schwerem Wasser nach einer längeren Laufzeit bei höherer Temperatur offenbar gefunden wurden.

Genauso merkwürdig ist aber auch - so die Kritiker - dass Niemand Gammastrahlen feststellten konnte – ein gewöhnliches Produkt von Fusionsprozessen. Gammastrahlen entstehen, da die ungeheure Kernenergie nicht direkt als Wärme (Infrarotstrahlung) abgegeben werden kann, sondern nur anhand einer "härteren" Strahlung, wie eben der Gammastrahlung, entweichen kann. Diese Tatsache ist in der Atomphysik recht gut beschrieben und gut erklärbar durch das Prinzip der Energieeinhaltung. Demnach kann aus einer hochenergetischen Reaktion keine niedrigenergetische Energie (Wärme) entstehen, sondern diese kann sich erst bilden, wenn die hochenergetische Strahlung (hier: Gammastrahlen) mit der Materie wechselwirkt, und somit Licht und Wärme erzeugt.

Die Skeptiker der Kalten Fusion – und das sind mittlerweile die meisten renommierten Wissenschaftler – halten diese mehr oder weniger für Unfug. Eine Fusion würde nämlich nur durch gigantische Energien erzeugt werden können, wie bei 50 Millionen Grad Celsius oder mehr, in kontrollierten Fusionsreaktoren wie „Tokamaks" oder in einem „Torus".

Diese Fusionsreaktoren sind aber wiederum immer noch nicht viel mehr als einfache Prototypen, die trotz vieler Jahrzehnte intensiver Forschung, immer noch mehr Energie verschlingen, als sie produzieren. Und um diese gewaltigen Energien zu erzeugen, setzt man u. A. Deuteriumgas einem Strom von 7 Millionen Ampere aus.

Dessen ungeachtet gäbe es Berechnungen, die offenbar beweisen, dass, falls ein solcher Effekt (kalte Fusion) überhaupt zu Stande kommen könnte, dieser nur in einem minimalen Ausmaß möglich wäre. Das heißt, er wäre völlig unrentabel. Das wäre so, als ob wir bei jedem Händeklatschen einige Atome zum fusionieren brächten. Eine praktische Anwendung dafür gäbe es aber offenbar nicht. Außerdem werden in Fusionsreaktionen üblicherweise Tritium, Helium bzw. Gammastrahlen freigesetzt, und eine Kontaminierung mit Helium aus der Luft könnte man hier fälschlicherweise als einen Erfolg interpretieren.

Dessen ungeachtet haben verschiedene industrialisierte Staaten ihre Projekte mit der Kalten Fusion weitergeführt und es wurden sogar einige Erfolge mit einer Ausbeute von 30 und bis sogar 100 Prozent gemeldet. Das bedeutet, die entstandene Wärme war viel höher als die aufgebrachte Energie: Ein Team, das von Anfang an dabei war, konnte nach 5 Jahren Forschung und nach vielen Nieten jedoch auch Erfolge mit 250 Prozent, 150 Prozent und variable Erfolge verzeichnen, bei denen die Wärme manchmal auftauchte und manchmal wiederum nicht. Und all das mit der selben Apparatur wie oben geschildert.

Es wurden sogar Erfolge mit einfachen Nickelkathoden und Salzen von Alkalimetallen in gewöhnlichem Wasser (H_2O) gemeldet.

Dagegen sagen die Skeptiker – vielleicht mit Recht, vielleicht aber auch nicht – dass, wenn Deuterium viel reaktiver als Wasserstoff ist und die Reaktion schon mit Wasserstoff funktioniert, die Reagenzgläser bei Deuterium womöglich explodieren müssten!

Da aber die erhaltenen Daten nichts mehr mit Fehlern und Kontamination aus der Luft oder aus dem Wasser zu tun haben können und auch nicht durch die gewöhnliche Chemie erklärbar sind, denkt man heute wiederum, dass es vielleicht doch eine neue Art von chemischen Reaktionen gibt, von denen wir noch nichts wissen, oder aber einen "Schleichweg" von der gewöhnlichen Chemie hin zu Fusionsreaktionen. Es muss nicht unbedingt so sein, dass, wenn einfacher Wasserstoff fusioniert, Deuterium praktisch explodieren müsste. Dazu kennen wir die diesbezüglichen Reaktionen noch nicht genau genug. Und in der Chemie sind nicht alle Reaktionen umkehrbar bzw. auf andere Reaktionen übertragbar. In Wirklichkeit gibt es nur ganz wenige, die solche Bedingungen erfüllen. Vielleicht hat daher die kalte Fusion des Wasserstoffs nicht vieles gemeinsam mit der des Deuteriums. Auf atomarer Ebene geschehen eben Dinge, die uns makroskopische Menschen merkwürdig vorkommen, aber ihren guten Grund haben.

Die eigentliche Idee der kalten Fusion begann bereits um 1920. Daher ist es nicht verwunderlich, dass einige Unternehmen, laut eigenen Angaben, nach 45 Jahren Forschung und unzähligen Erfolgen der verschiedensten Art zu einem positiven Schluss gekommen sind. Die so genannte "Kalte Fusion" wäre demnach überhaupt keine Deuterium-Deuterium Reaktion, wie im ersten öffentlichen historischen Experiment im Jahre 1989 vermutet, sondern eine niedrigenergetische Atomreaktion (mit geringem Energieaufwand), die durch Protonen (p^+) bzw. Deuteronen (D^+) eingeleitet wird, ohne dabei unerwünschte Nebenprodukte wie Gammastrahlen zu produzieren. Es handele sich hierbei um so genannte "Neue Physik".

Es wurde in dieser Hinsicht bereits eine Reaktionszelle entwickelt, die angereichertes Uranium bzw. Thorium in andere Elemente umwandeln kann, die nicht mehr radioaktiv sind, wie Zink und Nickel – und das in kürzester Zeit! Dieser Forschungszweig hat die Aufgabe, eine Technologie zu entwickeln, um radioaktive Stoffe auf eine völlig ungefährliche Weise zu zerstören. Das Experiment wurde sogar vor laufender Kamera durchgeführt. Dazu wurden 7,5 Gramm angereichertes Uran in Wasser aufgelöst und in eine Reaktionszelle gegeben. Nach nur wenigen Stunden war die Radioaktivität um die Hälfte gesunken – ein Prozess, der in der Natur Jahrmillionen benötigt! Am Ende des Experiments betrug die Reduktion der Radioaktivität sogar 73,4 Prozent!

Ein anderes Labor hat sich u. A. zur Aufgabe gemacht, die Quantenmechanik anhand der gewöhnlichen Newton'schen Lehre zu erklären. Der Ausgangspunkt dabei ist, dass Elektronen keine Punkte oder Strings sind (wie laut Quantenmechanik bzw. Stringtheorie), sondern eher zweidimensionale Scheiben, die um einen Mittelpunkt rotieren und somit kugelförmige Elementarteilchen bilden. Kugelförmige Elektronen bewegen sich dabei oszillierend in einer kreisförmigen Umlaufbahn um den Atomkern herum. Diese Anordnung aus so genannten "Orbitsphären" soll angeblich die paradoxe Dualität zwischen dem Elektron als Teilchen und als Welle erklären.

Derartige neue Ideen sind ferner der Grundstein für eine komplett neue Technologie, die im Stande ist, umfangreiche saubere Energiequellen zu erschließen und neuartige Materialien und Plasma zu schaffen, die außergewöhnliche Eigenschaften besitzen. In vielleicht sieben Jahren sollen bereits die ersten praktischen Anwendungen erwartet werden.

Dazu wird zuerst die Orbitsphäre des Wasserstoffs reduziert und eine elektrochemische Reaktionszelle verwendet, die Wasser katalytisch in Wasserstoff und Sauerstoff spaltet. Dann wird ein Gas mit Kaliumatomen in die Wasserstoffatmosphäre eingeleitet, die unter einem sehr geringen Druck steht. Unter gewissen Bedingungen fungiert dabei das Kalium als Katalysator, der die Elektronenlaufbahn des Wasserstoffs verkleinert. Dabei wird die überschüssige Energie als ultraviolettes Licht abgegeben. Dieses Licht ist – anders als bei den von allen Skeptikern erwarteten Gammastrahlen – eine reine Energiequelle, die dazu verwendet werden kann, Wasser zu erhitzen und direkt Maschinen oder Turbinen anzutreiben. Der reduzierte Wasserstoff nennt sich hierbei „Hydrino".

Die so entstandenen Hydrinos können mit anderen Stoffen reagieren und neuartige Materialien mit außergewöhnlichen Eigenschaften erzeugen. Eine Verbindung von Hydrinos und anorganischen Materialien soll z. B. leitfähiges magnetisches Plastik ergeben, das in der Halbleiter- und Raumfahrtindustrie verwendet werden kann, um Prozessoren noch schneller und effizienter und Raumschiffe noch viel leichter zu machen. In Verbindung mit Oxidationsmitteln erlauben es Hydrinos, hoch effiziente winzige Batterien mit einem enormen elektrischen Potenzial herzustellen. Säuren, in denen der gewöhnliche Wasserstoff durch Hydrinos ersetzt ist, ergeben außerordentlich starke Explosiv- bzw. Raketentreibstoffe. Verbindungen aus Hydrinos und Metallen ergeben wiederum Materialien, die mit einer extrem widerstandsfähigen Schutzschicht umgeben sind. Es könnte so absolut rostfreies Eisen hergestellt werden, um damit Schiffe zu bauen, die keiner Wartung mehr bedürfen.

Die Erzeugung von Hydrinos kann mit dem aktuellen Wissenstand nur so erklärt werden, dass es sich hierbei um Wasserstoff handelt, der ein Elektron im absoluten Grundstadium besitzt. Das heißt, dass beim Sprung in das absolute Grundstadium alle mögliche Überschussenergie in Form harter ultravioletter Strahlung abgegeben wird – so wie wir es von der Quantenmechanik ableiten können.

Wenn es wahr ist, dass Hydrinos Wasserstoffatome im absoluten Grundstadium sind, würde der gewöhnliche Wasserstoff einen Teil seiner Elektronen im Grundstadium und einen anderen Teil in einem energiereicheren Zustand haben. Der Grund dafür wären u. A. die unvermeidlichen Zusammenstöße der Elektronen des Atoms mit kosmischer Strahlung und anderen Strahlungen oder gar Hintergrundstrahlungen, die schon immer die Erde und den Weltraum bombardiert haben. Diese Strahlungen würden die Elektronen aus ihrem absoluten Grundstadium verdrängen und wir auf der Erde würden fälschlicherweise diesen Zustand der teilweisen Erregung als Grundzustand betrachten, da wir in unseren Überlegungen die kosmische Strahlung und andere Energiequellen nicht mit einbezogen haben. Und effektiv besagen die uns bekannten Wahrscheinlichkeitsberechnungen, dass das Wasserstoffelektron sich mit fast der selben Wahrscheinlichkeit auf zwei verschiedenen Umlaufbahnen (Energieniveaus) befinden kann. Es gibt also keinerlei Zweifel, dass die Hydrinotheorie mit den Erfahrungswerten übereinstimmen könnte, obwohl die Skeptiker mit allen Mitteln versuchen, sie zu diskreditieren. Der indiskutable Effekt der kosmischen sowie anderer Strahlungen auf das Energieniveau von Elektronen ist meiner Meinung nach aber ein Pluspunkt für die Hydrinotheorie entgegen der offiziellen Auffassung, sie wäre eine Täuschung.

Wenn man zudem die Reduzierung der Elektronenlaufbahnen auf schwerere Atome, als das Wasserstoffatom überträgt, könnte man theoretisch im Labor die Kernfusionen in einem Stern nachahmen. Das ergibt natürlich eine ganze Reihe von neuen Perspektiven, wie z. B. reine Energie für alle Ewigkeit! Auch könnte der alte Traum der Alchimisten wahr werden, denn wir würden im Stande sein, Blei bzw. andere Metalle in Gold und andere wertvolle Elemente zu verwandeln (Transmutation der Elemente).

Eine andere Anwendung der Theorie der Orbitsphären ist – laut ihrem Entwickler – die mögliche Erzeugung von „Antigravitation": Wenn z. B. ein Elektronenstrahl und ein Heliumstrahl unter einer negativ geladenen Scheibe zusammentreffen, würden die Elektronen dabei derartig verändert, dass sie einen Auftrieb erfahren und dabei die Platte nach oben drücken. Dabei würden alle Gegenstände, die mit der Platte in Kontakt stünden, auch einen Auftrieb erfahren. Ein so ausgestattetes Raumschiff würde also vertikal nach oben getrieben. Und um auch seitlich bewegen zu können, müsste die Auftriebsenergie etwa anhand von Schwungrädern abgefangen werden. Dabei würde das Raumschiff sich vermutlich wie ein UFO drehend fortbewegen.

Kurios – nicht?

Obige Überlegungen finden auch ihre Anwendung in der Kosmologie. Denn das Universum wäre in diesem Fall ein endloses Zusammenspiel von Materie und Energie. Wenn nämlich Materie Energie erzeugt (z. B. in einem glühenden Stern), wird die Masse des Sterns geringer und das Schwerkraftfeld dementsprechend immer schwächer. Wenn ein Stern also Masse verbrennt, wird die Schwerkraft um den Stern herum immer geringer und das Universum kann sich so im Großen und Ganzen ausdehnen, wenn wir alle Sterne in Betracht ziehen, die es im Weltraum gibt. Das Ende aller Kernreaktionen in den Sternen ergäbe demnach ein Universum voller Energie, anstatt des von der konventionellen Physik prophezeiten "Kältetods" des Universums. In diesem Meer aus Energie würden sich dann wiederum Photonen (etwa die oben geschilderten Gammastrahlen) zu Elementarteilchen (etwa Elektronen) verbinden; diese würden anhand von Eigenreaktionen eine ganze Reihe anderer Elementarteilchen ergeben und alles würde wieder von neuem anfangen – so der Erfinder der Hydrinotheorie.

7. Wetterkontrolle

Schon immer hat der Mensch versucht, sich das Wetter eigen zu machen. Zuerst, bei den alten Völkern, mit Blut und Gaben, um die Wettergötter zu besänftigen. Irgendwie schafften es die Priester in jenen durchaus religiösen Kulturen, die Leute immer wieder in Angst und Schrecken zu versetzen. Wenn die Opfer ausfielen, konnten die Wettergötter plötzlich Blitze und Hagel spucken. Schon die alten Griechen kannten Zeus, den Gott mit den Blitzen in der Hand. Wehe dem, der von einem getroffen wurde!

Es ist also nicht verwunderlich, dass in der Antike das Wetter eine wichtige, ja sogar primäre Rolle spielte. Nicht nur um durch Gottesanbetung ein mildes Wetter und den erforderlichen Regen zu ergattern, sondern von Seiten der führenden Kasten vor allem, um das gemeine Volk zu beherrschen. Diese Herrschaft basierte primär auf der Angst vor dem Unbekannten – den Blitzen und dem Donner. All diese Phänomene, die mit dem Wetter zusammenhängen, waren für jene Menschen unbegreiflich. Doch während die einen sie fürchteten, lernten die anderen bald, das Zusammenspiel aus Unkenntnis, Furcht und Wettergewalten für sich zu nutzen, um andere Menschen zu kontrollieren. Nur durch dieses Zusammenspiel ist es irgendwie erklärbar, dass viele Jahre lang Menschen, mehr oder weniger willens, an Bauwerken arbeiteten, die ihre damalige Vorstellungskraft bei weitem übertrafen. In der Steinzeit z. B. bei den Monolithen in Carnac, Frankreich, als auch bis in die Bronzezeit in Stonehenge, England.

Das Ägyptische Reich wiederum, das zumindest 3.000 - einigen Interpretationen zufolge sogar 5.000-7.000 Jahre mit kurzen Unterbrechungen andauerte - ist nur dadurch zu erklären, dass die Pharaonen und die ägyptischen Herrscher tatsächlich „etwas" besaßen, das die Leute überzeugte. Denn sonst wäre ihr Reich nie so alt geworden. Und das, mal ganz abgesehen von den mathematischen, architektonischen und sonstigen Voraussetzungen, die erforderlich sind, um das größte aller Weltwunder zu schaffen. Und all dies wiederum, als die alten Germanen noch Wallnüsse im Gebüsch sammelten.

Der moderne Mensch hat mit der Zeit letztendlich quasi verstanden, wie das Wetter entsteht. Er simuliert bereits das Wetter mit mehr oder weniger Erfolg auf seinen Rechnern und erstellt Wetterkarten, die für die kommenden Tage mehr oder weniger richtig sind. Aber hinter dem Wetter, das jedermann als solches versteht, lauert noch ein anderes, geheimes Szenario, und zwar das der Manipulation und der Nutzung von natürlichen oder künstlichen Wetterverhältnissen. Und ab diesem Punkt dürfen wir das Wetter nicht mehr als eine Ansammlung von Regenschauern oder Sturmböen betrachten. Nein – das Wetter umfasst von nun an die gesamte Atmosphäre, mit inbegriffen die Ionosphäre (in einer Höhe von 30-1.200 Meilen und mehr) und die untere Magnetosphäre, in der u. A. die Nord- und Südlichter durch magnetische Teilchen erzeugt werden, die von den Sonnenwinden stammen. Das Wetter versteht sich heutzutage und morgen also als ein wahrhaftig globales Ereignis.

Während in den unteren Schichten der atembaren Atmosphäre der Begriff „Wetter" sich auf Wolken, Regen, Wind und Ähnliches bezieht, hat das „Wetter" in der Ionosphäre eine ganz andere Bedeutung. Hier bilden sich keine Wolken. Das „Raumwetter" („space weather", wie es auch auf Engl. heißt) bewirkt Veränderungen in der Durchlässigkeit von Radiowellen in der Ionosphäre. Da die Ionosphäre schon seit langem dazu benutzt wird, Radiowellen zu propagieren, ist es leicht, sich vorzustellen, wie empfindlich unsere darauf aufgebauten Kommunikationssysteme sind und welch enormer Schaden angerichtet werden könnte, wenn jemand versuchen würde, die Durchlässigkeit der Ionosphäre oder andere sensible Parameter zu verändern.

Nur als Beispiel seien hier die Kommunikationen zwischen Erdstationen und Satelliten erwähnt. Eine Unterbrechung, etwa des GPIs (Global Positioning System – ein Satellitensystem zur Ortung von Objekten auf der Erdoberfläche anhand der Triangulationsmethode) würde u. U. eine Bergung oder das Auffinden von Flugzeugwracks schier unmöglich machen. Die Daten der Satelliten würden durch Veränderungen in der Ionosphäre derartig gestört werden, dass wir sie auf der Erde nicht mehr richtig entziffern könnten, da wir nicht wüssten, in welchem Ausmaß und auf welche Weise sie gestört worden wären. Es wäre so, als ob jemand unsere eigenen Funksignale mit einem unbekannten Schlüssel kodieren und dazu noch Tausende von Geräuschen erzeugen würde.

Aber auch unterhalb der Atmosphäre gibt es ein Medium, die Gewässer – auch „Hydrosphäre" genannt – in welchem wir eingreifen können, da sich unterhalb der Wasseroberfläche u. A. Atom-U-Boote und andere moderne Gefährte befinden, die auch mit Satelliten kommunizieren. Eine Störung dieser Kommunikationen könnte z. B. ein U-Boot veranlassen, mit einem Eisberg zu kollidieren oder von der Route abzukommen, mit all den verheerenden Folgen, die der Verlust eines solchen mit Uran vollgeladenen U-Bootes mit sich bringen könnte.

Abgesehen von den Möglichkeiten, die Kommunikationen zu stören, können unter Wasser auch Wassermassen bewegt werden, um z. B. ganze Schiffe zum Kentern zu bringen. Man denke da nur an das Geheimnis des Bermuda-Dreiecks, von dem man nun annimmt, es entstehe anhand von großen Gasausbrüchen, die Gasblasen auftauchen lassen, die so groß sein können, dass ganze Schiffe von ihnen mit auf den Grund gerissen werden. Ja, sogar tief fliegende Flugzeuge, die in solch einen Ausbruch geraten, verlieren anscheinend den Auftrieb und fallen wie ein Stein zu Boden (also ins Meer).

Es ist leicht, sich vorzustellen, dass mit komprimierten Gasen gefüllte Bomben, die unterhalb von Schiffen gezündet werden, einen ähnlichen Effekt haben würden. Das Schiff würde einfach untergehen und wir würden nicht einmal wissen, wieso. Ähnliche Gasbomben könnten auch ganze Flugzeuge vom Himmel abstürzen lassen. Und in der Nähe von tiefen Meeresgräben würden wir die Wracks vermutlich nicht wiederfinden.

Wasser hat ferner drei verschiedene Aggregatzustände (Dampf, flüssig, Eis), je nachdem, welche Temperatur es hat. Die Temperatur des Wassers ist direkt proportional zur Wärme, die es enthält, und diese wird stark durch die Strahlung beeinflusst, die das Wasser aufheizt. Anstatt aber nun Wasser aufzuheizen (was viel Energie verbrauchen würde), können wir dem Wasser auch Energie entziehen. Mit Energieabsorbern, etwa in der Art von Strahlungsabsorbern (z. B. schwarze Materialien, gewisse Salze wie Zäsiumchlorid) kann man dem Wasser Energie bzw. Wärme entziehen. Wenn diese Stoffe dann umgehend eliminiert werden, nehmen sie die aufgesogene Energie mit sich und folglich sinkt die Wassertemperatur auf ein Minimum. Zäsiumchlorid ist in diesem Sinn im Stande, die Temperatur von Süßwasser auf -50° Celsius zu senken. Eine etwa mit Kohlenstaub und Zäsiumchlorid ausgestattete Bombe dieser Art könnte das Wasser um ein U-Boot bzw. um ein Schiff herum zum gefrieren bringen und es somit außer Gefecht setzen. Auf den Kontinenten, in Flüssen, Seen und Binnenmeeren mit relativ wenig Salzgehalt, wäre der Einfrierungseffekt einer solchen Bombe noch viel stärker, da Süßwasser viel schneller einfriert als Salzwasser.

Viel weiter ist mittlerweile schon die Technologie, um Veränderungen in der Atmosphäre hervorzurufen. Schon vor 2 Jahrzehnten setzten die Russen die westliche Welt davon in Kenntnis, sie könnten von Zuhause aus, das Wetter in Europa beeinflussen. Schon zu jenem Zeitpunkt sollen die Russen viel weiter im experimentellen und theoretischen Bereich fortgeschritten gewesen sein, als der Westen. So sollen sie u. A. Technologien zur Veränderung der Atmosphäre vom Boden aus erforscht und dabei Techniken entwickelt haben, wie die vertikale und diagonale Aufheizung der Luft anhand von hohen Frequenzen und Mikrowellen, oder die Veränderung der Magnetosphäre. Das erste hätte einen Eingriff im Klima zur Folge, und das zweite könnte erhebliche Störungen in der Telekommunikation hervorrufen. Es ist unbekannt, wie viele andere Länder – unter ihnen auch Länder der Dritten Welt – ähnliche Experimente, etwa zur Veränderung der Ionosphäre durchgeführt haben. Brasilien führte z. B. Anfang der 80er Jahre ein Experiment durch, um die Ionosphäre mit Hilfe chemischer Mittel zu verändern. Viele solcher Experimente aus dem Kalten Krieg sind in Ländern der 3. Welt vermutlich nie weiter betrieben worden.

Nach und nach wurden aber im Sinne der internationalen Zusammenarbeit viele dieser Projekte und Vorhaben verbessert und heutzutage gibt es bereits eine ganze Reihe von zivilen und auch militärischen Diensten, die solche Experimente offiziell und auch inoffiziell durchführen. Unter ihnen das H.A.A.R.P. (High-Frequency Active Auroral Research Programm), ein vom Pentagon gesponsertes Projekt der Radiophysik, mit der offiziellen Begründung der Erforschung von weiträumigen Radiokommunikationen und -überwachungen. In diesem Fall wird die Ionosphäre so verändert, dass die dabei erzeugten Fluktuationen zum Erreichen gewisser Ziele dienen.

Zwar wird immer beteuert, solche Projekte hätten keine militärischen Auswirkungen bzw. wären als militärische Ziele nutzlos. Aber wir wissen ja, wie zweideutig all diese Aussagen sind. Die Air Force und die US Navy sind Anwender des oben genannten Programms. Es könnten damit etwa tief in der Erde vergrabene Waffenfabriken in einer Entfernung von vielen Tausenden von Meilen festgestellt und das Wetter über dem Feind zu seinen Ungunsten verändert werden. Anhand dieser

Technologie wäre es auch möglich, die Ionosphäre mittels Radiowellen aufzuheizen und ein Schutzschild zu errichten, das in der Lage wäre, die Steuerung von Flugkörper durch Überhitzung zu zerstören. Ein schwächeres Schild könnte z. B. als Sensor fungieren, indem Radiowellen von Flugkörper zurückgeworfen werden und sie uns so erlauben würden, die Zusammensetzung des diesbezüglichen Materials festzustellen. Es könnten so "scharfe" Flugkörper von Attrappen und anderen Objekten unterschieden werden.

Im Allgemeinen kann der Eingriff in das Wetter feindliche Kräfte behindern oder die eigenen und freundschaftlich Gesinnte begünstigen. Es kann Niederschlag begünstigt werden, um Wege und Straßen zu überfluten und um den Zustand der feindlichen Streitkräfte zu verschlechtern. Es kann aber auch Niederschlag verhindert werden, um etwa die Sicht zu verbessern oder um Landschaften auszutrocknen. Stürme können über Angreifern entfesselt, ihre Radareinrichtungen gestört und ihre Nachrichten abgefangen werden. Die Erzeugung von Wolken und Nebel kann die freie Sicht auf Streitkräfte und Waffen behindern, während die lokale Eliminierung von Nebelbanken z. B. die Wachposten eines Camps wieder sichtbar machen kann. Schließlich können Eingriffe in die Ionosphäre auch Kommunikationen und Radarsignale stören.

Es war wahrscheinlich wegen der fortgeschrittenen Technologie der Russen, dass die UNO 1977 den feindseligen Gebrauch von Technologien verbot, die weit reichende, langfristige oder schwere Folgen für das Wetter haben könnten. Die darauf folgende Konvention (ENMOD) wurde von vielen Ländern unterzeichnet, damit keine feindseligen, militärischen oder zivilen Ziele in dieser Hinsicht verfolgt werden könnten.

Dessen unbeachtet, und im Zwiespalt der Interpretation, hat sich jedoch eine ganze Reihe von Technologien entwickelt, um genau dies zu tun. Das heißt natürlich nicht, dass sich diese Länder nicht an die Konvention gehalten hätten. Die Entwicklung irgendwelcher Systeme und Technologien ist nun einmal Bestandteil des menschlichen Daseins und kann auch durch Konventionen nicht verboten werden. Der Geist der Konvention lebt allerdings weiter und wird bewirken, dass kein Land diese Technologien bösartig anwendet, nur um anderen Menschen zu schaden.

Es ist vorgesehen, dass Eingriffe in das Wetter bereits um 2025 Wirklichkeit sein könnten. Es ist unverkennbar, dass das Bevölkerungswachstum derartig zunehmen wird, dass in bestimmten Regionen Wasser und Lebensmittel fehlen werden. Schon seit biblischen Zeiten streiten sich die verschiedenen Kulturen Kleinasiens um das Wasser des Euphrat und des Tigris (Mesopotamien). Ganze Zivilisationen bauten auf diese Wasservorkommen: Sumerer, Babylonier, Assyrer, Israeliten und die verschiedenen Wüstenvölker.

Im Prinzip kann das Wetter auf verschiedene Weisen verändert werden: Man kann Stürme, aber auch absolute Stille; Regen, aber auch absolute Trockenheit künstlich hervorrufen. Unter den intensivsten Eingriffen in das Wetter zählen u. A. Sturmveränderungen, großflächige Eingriffe, aber auch die Veränderung des Gesamtklimas in einer Region oder gar auf der ganzen Erde. Wir brauchen in diesem Sinn nur an Treibhausgase zu denken. Manche denken sogar schon an winzig kleine Mengen bestimmter hochwirksamer chemischer Substanzen, seien es Gase oder fein verteilt als Suspensionen, die in wenigen Jahrzehnten die Zusammensetzung der Atmosphäre derartig verändern würden, dass sogar eine Spezies von einem anderen Sonnensystem, die Erde „übernehmen" könnte. Solche Substanzen nennen sich Katalysatoren und müssten nur in geringsten Mengen angewendet werden. Wir könnten uns sogar bereits inmitten einer solch feindlichen Übernahme befinden, ohne es auch nur zu ahnen. Es ist also nicht unsinnig, derartige Chemikalien zumindest virtuell (auf dem PC) zu untersuchen, um ihre Wirkung auf unsere Erde zu testen.

Ich bin übrigens nicht der Meinung, irgendwelche Aliens würden gerade dabei sein, uns zu übernehmen. Wozu auch? Durch Terraforming kann eine so weit fortgeschrittene Zivilisation doch eventuelle Wüstenplaneten bevölkern, ohne dabei Anderen Schaden anzurichten. Und wenn sie es gewollt hätten, hätten sie es schon längst getan. Vielleicht damals bei den Dinosauriern, und doch nicht gerade heute, wo wir erst angefangen haben, Menschen zu sein. Glücklicherweise sind meistens die oben geschilderten Eingriffe aber auch nicht dazu da, um globale Klimaveränderungen hervorzurufen, sondern lediglich um Wolken, Nebel oder Regen auf lokaler Basis zu manipulieren.

Die National Oceanic and Atmospheric Administration (NOAA) hat einen strategischen Plan für 1995-2005 entwickelt, der in der Hinsicht auf die Errichtung von kurzfristigen Warn- und Vorhersageeinrichtungen die jahreszeitliche bzw. jährliche Klimavorhersagen, sowie die Vorhersage von Zehn- bis Hundertjahreszyklen im globalen Klima erlauben sollen. Das alles soll anhand von neuartigen Radaranlagen in den ganzen Vereinigten Staaten (Next Generation Radar [NEXRAD] und Doppler-Überwachungssysteme) durchgeführt werden. Doppler-Systeme, auf der Basis der Verschiebung von Wellenlängen von sich bewegenden Quellen, gibt es ja schon heutzutage.

Im Endeffekt ist es vorhersehbar, dass ein globales Wetternetzwerk entstehen wird, mit Sensoren und Transmittern überall auf der Welt, die uns ein globales Bild des Wetters in jedem einzelnen Augenblick geben werden, ohne dazu irgendwelche Raketen, Sonden, Wetterballons oder AWACS-Flugzeuge starten zu müssen. Die militärisch irrelevanten Daten dieses Systems stünden dann auch allen anderen Ländern zur freien Verfügung.

Es gibt bei diesem Konzept aber natürlich auch Möglichkeiten der militärischen Nutzung. Das erste militärische Mittel, das man sich hierbei vorstellen kann, ist die Erzeugung falscher Daten auf den PC- und Radarbildschirmen des Feindes. Das so genannte „virtuelle Wetter" würde die feindlichen Sensoren und Informationssysteme täuschen und den Feind dazu verleiten, Maßnahmen zu ergreifen, die von uns bereits vorhergesehen worden wären, da wir es ja gewesen wären, die das Wetter verändert hätten. Außerdem könnten wir so unsere eigenen reellen Wetterveränderungen und Aktivitäten verschleiern bzw. maskieren.

Ein „virtuelles Wetter" könnte z. B. entstehen, wenn wir die Wetterdaten des Feindes anhand von Virenprogrammen, oder die tatsächlichen Wetterbedingungen um den Feind herum, effektiv verändern. Der Feind hätte dann ein Gefolge von Parametern und Bildern der Wetterlage auf seinen Bildschirmen, die in größeren Abständen nicht mehr der Wirklichkeit entsprächen. Daher würde der Feind dazu verleitet werden, eine unangemessene kurzfristige Strategie zu entwerfen, die nur uns nützen würde, zumal wir diese vielleicht schon vorhergesehen hätten.

Die am Anfang des Buches erwähnte Nanotechnologie gibt uns auch eine Möglichkeit, Wetterverhältnisse vorzutäuschen bzw. nachzuahmen. Nur derjenige, der Nanotechnologie in diesem Sinn anwendet, würde wissen, um was es sich hier eigentlich handelt. Nanotechnologie besteht aus kleinen Minicomputern oder Minirobotern, dessen Teile aus Molekülen und nicht aus großen Bauteilen bestehen. Diese Moleküle haben verschiedene Formen und Funktionen und sind mehr oder weniger direkt mit einem Miniprozessor verbunden, mit dem man Nanoteilchen programmieren kann. Eine Wolke solcher Nanoteilchen könnte z. B. elektrische Entladungen, Potenzialunterschiede, Regentropfen (die auf Nanoteilchen wachsen) und vieles mehr herbeiführen. Zwar wären die elektrischen Entladungen (Blitze) von Nanoteilchen nicht allzu stark, aber der Feind könnte denken, es ist ein Gewitter im Anmarsch, und sich zurückziehen. Nanoteilchen könnten auch künstlichen Nebel erzeugen, der uns wiederum erlauben würde, unsere Stellungen vorzurücken. Oder aber könnten in Nanoteilchen giftige Moleküle verborgen sein, die genau über dem Feind freigesetzt würden. Einen solchen Angriff könnte man weder vorhersehen, noch sich schnell auf Kampfstoffe vorbereiten.

Eingriffe in die Ionsphäre haben ferner einen direkten Einfluss auf die Kommunikationen, da Radiowellen sich in der Ionosphäre ausbreiten. Es wurden wie oben erwähnt bereits viele erfolgreiche Experimente mit chemischen und radioaktiven Mitteln, beschleunigten Elektronen, Ionen, vielen anderen Teilchen, sowie Röntgen- und Gammastrahlen durchgeführt. Alle ergaben eine positive Veränderung der Eigenschaften der Ionosphäre. Eine ähnliche Auswirkung hat auch die elektromagnetische Strahlung, die außerdem die Umgebungstemperatur ziemlich verändern kann.

Da die Erde gekrümmt ist, können Radiowellen nicht beliebig von einem Punkt der Erdoberfläche zu einem anderen gelangen. Dazu ist es erforderlich, sie durch die Ionosphäre zu schleusen, um etwa mit Satelliten kommunizieren zu können. Die Ionosphäre wird außerdem in ihrer Durchlässigkeit für Radiowellen stark von der Sonnenaktivität beeinflusst. Die Ionosphäre besteht aus verschiedenen Schichten, die jeweils gewellt und gekräuselt sind, je nachdem, wie viel Wärmeenergie sie von der Sonnenstrahlung aufgenommen haben.

Die Einführung von Energie, um z. B. ein kleines Areal der gewellten Ionosphäre zu glätten, erlaubt es uns, so genannte „ionosphärische Spiegel" zu erzeugen, die Wellen bestimmter Länge und Bandbreite reflektieren können. Derartig reflektierte Kommunikationen vom Feind könnten von uns abgehört werden. Kurzlebige ionosphärische Spiegel würden es uns aber auch erlauben, Punkt-zu-Punkt-

Verbindungen in der Kommunikation herzustellen, die nachträglich nicht mehr zu orten wären, da der diesbezügliche Spiegel schon längst wieder aufgelöst worden wäre, wenn der Feind versuchte, ihn zu orten. Er würde denken, es handele sich dabei um ein sich bewegendes Tarnkappenflugzeug oder Ähnliches.

Derartige Spiegel können durch zwei entgegengesetzte Mikrowellenstrahlen erzeugt werden. Zwei entgegenfliegende Flugzeuge mit Mikrowellenerzeugern würden also im Schnittpunkt der beiden Strahlen einen Spiegel hervorrufen, der für eine momentane Übertragung von der Erde benutzt werden könnte. Nach der Übertragung würde sich der Spiegel plötzlich wieder auflösen, und niemand anderer würde über unsere Übertragung Bescheid wissen.

An den Polarzonen entstehen die so genannten Nord- und Südlichter am Himmel, wegen der Wechselwirkung zwischen dem Sonnenwind und der Ionosphäre. Eine Glättung der Ionosphäre würde es den Stützpunkten in der Arktis und der Antarktis etwa erlauben, effizient bei jeglichen Wetterbedingungen mit dem Rest der Welt zu kommunizieren. Eine plötzliche Veränderung der Ionosphäre, an einer Stelle, wo feindliche Kommunikationen stattfinden, würde das feindliche Kommunikations- und Radarnetz erheblich stören. Hochfrequente elektromagnetische Wellen (HF) würden dabei den selben Effekt erzielen wie die oben erwähnten Partikelstrahlen und wären zudem nicht ortbar. HF-Wellen regen nämlich Elektronen an und erzeugen Veränderungen in deren Dichte (Verteilung). Diese Veränderungen wirken sich selektiv auf Übertragungen aus, da der Weg der Radiosignale durch derartig angeregte bzw. abgeregte Elektronenwolken sich ständig verändert. Das hat nämlich eine Störung der Amplitude bzw. der Phase zur Folge. Es ist daher möglich, auf eine präzise Weise, gewisse Kommunikationen u. A. mit Satelliten zu stören, indem man ganz konkrete Eingriffe in die Kräuselungen der Ionosphäre vornimmt.

Die Veränderung des konventionellen Wetters bezieht sich ferner auf die Erzeugung oder die Eliminierung von Stürmen, Nebel, Regen, Wolken, Winden und anderen natürlichen Phänomenen. Während Stürme mit einer Energie von bis zu 10.000 A-tombomben (tropische Hurricanes) sich der Macht des Menschen bei weitem entziehen, ist es erwiesenermaßen leicht, Nebelfelder aufzulösen und andere lokale Phänomene zu verändern. Man verwendet dazu Hitze aus Mikrowellen oder, was günstiger ist, hygroskopische Kristalle, die der Luft Feuchtigkeit entziehen. Solche Kristalle könnten sogar vom Boden aus gesät werden, sind aber effektiver, wenn sie vom Flugzeug ausgebracht werden. Mit einem Laser ist es zudem relativ einfach, die Sichtweite in einem Nebelfeld in einem Umfang von bis zu 1 km deutlich zu erhöhen. Es ist so möglich, einen im Nebel versteckten Feind sichtbar zu machen oder aber geeignete Felder für eigene Operationen zu klären.

Es ist auch möglich, künstlichen Nebel zu erzeugen. Mit gewöhnlicher Handelsware werden auf eine ganz simple Weise bereits Nebelfelder von bis zu 100 Metern Länge erzeugt. Solche Nebel sind in der Lage, einen großen Teil des Lichts und der IR/UV Strahlung abzuschirmen, so dass kleinere Militärfahrzeuge sich darin verstecken können, ohne für IR-Sensoren (bei Nacht) sichtbar zu sein. Auch Panzer und kleinere Anlagen könnten so im Nebel völlig „verschwinden".

Eine letzte Art des Eingriffs in das Wetter wäre die Erzeugung bzw. die Unterdrückung von Regen. In trockenen Gebieten verwendet man bereits seit langem Kristalle wie Silbersalze, die von einem Flugzeug aus in die Wolken „gesät" werden. Hoffnungsvollere Resultate erzielt man letztens auch mit Kohlenstaub. Kohlenstaub ist schwarz und absorbiert daher viel elektromagnetische Energie. Sät man Kohlenstaub z. B. über eine Wassermasse, nimmt es Sonnenenergie auf, heizt sich auf und es entsteht so eine warme Zelle über dem Wasser. Das Wasser unter der Zelle beginnt zu verdampfen und es sammelt sich Wasserdampf in der darüber liegenden Luft. Während der Dampf aufsteigt, wird er kälter. Es bilden sich somit kleine Wassertropfen, die schließlich zusammenfließen und als Regen herunterfallen. Es wurde festgestellt, dass dieser Regen dann meistens von den vorherrschenden Winden weiter transportiert wird. Man hat ferner festgestellt, dass Meeresströmungen dabei helfen, die Regenmassen in Richtung der Strömung zu transportieren.

Das Aussäen von Kohlenstaub wird für gewöhnlich nicht direkt durchgeführt, sondern man verwendet dazu Kohlenwasserstoffe, die in den Flammenstrahl von Nachbrennern von Düsenflugzeugen eingespritzt werden. Die Kohlenwasserstoffe werden dabei von der Hitze des Nachbrenners sofort verkohlt und verwandeln sich in eine feine Wolke aus atomisiertem Kohlenstaub. Diese Methode ist besser als jegliche andere, die man ausprobiert hat. Sie erzeugt im Flugzeug einen zusätzlichen Schub, und dazu noch fein aufgeteilten Kohlenstaub, der erhebliche Fähigkeiten zur Regenerzeugung besitzt. Typische militärische Anwendungen wären in diesem Fall für den Radar unsichtbare Stealth-Flugzeuge, die nach Belieben hier und da Regen erzeugen könnten.

Hoffentlich werden all diese Eingriffe zum Wohle des Menschen geschehen!

Epilog

In diesem Buch haben Sie Neuartiges erfahren über die Geheimnisse der Geschichte, die Zukunft des Internets, der Nanotechnologie, Quantenmaschinen, Smarte Materialien, Interstellare Raumfahrt, Kalte Fusion und Wetterkontrolle.

Als relativ erfahrener Autor mit mehreren Publikationen über diese und andere Themen, speziell im Bereich der sogenannten „Neuen Physik", habe ich versucht Ihnen eine Idee darüber zu geben, was die Zukunft uns vermutlich um 2025 bringen wird.

Es wird tatsächlich eine derartige Nanotechnologie in wenigen Jahren geben. Computer werden tatsächlich Millionen mal schneller werden. Und wir werden tatsächlich versuchen auf fernen Sternensystemen zu landen. Das alles sind Tatsachen, die eines Tages sicherlich kommen werden.

Die Leser und Leserinnen dieses Buches werden sich in ca. 25 Jahren sicherlich noch dran erinnern, es einst gelesen zu haben. Doch die Realität wird dann noch viel überwältigender sein als ich hier überhaupt habe schildern können!

Dessen ungeachtet dürfen wir nicht in die Falle der Wortlosigkeit geraten, denn all dies wird Zug um Zug in unser alltägliches Leben eingefügt, so dass wir es praktisch nicht zu spüren bekommen werden. Nur wenn wir zwei weit entfernte Zeiten vergleichen, stellen wir mit Überraschung fest, dass sich alles tatsächlich sehr intensiv im Laufe der Zeit verändert.

Vergleichen Sie einfach die Lage der Technik als Ihre Großmutter lebte, mit der heutigen. Sie entdecken dabei sofort große Unterschiede, wie Überschallflugzeuge, Raketentriebwerke, Wolkenkratzer, unverwüstliche Textilien, Landungen auf fremden Planeten, etc.

Auf der anderen Seite gibt es aber auch sogenanntes „Fast-Food", neue Krankheiten, Überbevölkerung, Einengung der demokratischen Prinzipien (z.B. der „Freiheit"), etc.

Es ist also den Lesern und Leserinnen überlassen zu schlussfolgern, in wie fern sich unsere generelle Lage mit der Zeit verbessert oder gar verschlechtert. Ich persönlich denke, wir sind immer noch am selben Punkt wie vor 4000 Jahren als das Alte Testament geschrieben wurde. Es hat sich dabei prinzipiell nichts verändert, wenn wir die menschliche Rasse etwa mit einer völlig anderen Rasse eines weit entfernten Sternensystems vergleichen, dessen Technologie der unseren, sagen wir, um 1 Million Jahre voraus ist.

Denn erst wenn man weit entfernte Situationen vergleicht, kann man feststellen ob sich eine Situation tatsächlich stark verändert hat oder nicht.

Mein Vorschlag ist also: Lasst uns einfach in die Zukunft hineinleben, und genießen wir, was sie uns bringt - egal was es ist.

BIOGRAFIE

Geboren in der Provinz von Barcelona (Spanien) am 26.06.1959, hat der Autor und ständige Mitarbeiter im Bohmeier-Verlag, Argo-Verlag, Magazin 2000 Plus, sowie wissenschaftliche Berater bei GUFORA und VfgP, lange in Deutschland gelebt. Er ist ein anerkannter Fachübersetzer und schreibt brisante Bücher über die Zukunft von Wissenschaft, Technologie und der Menschheit.

Weitere Bücher folgten bisher:

"Geheimtechnologien", Bohmeier Verlag: Streng gehütete Entdeckungen revolutionieren die Zukunft – Kalte Fusion, Wetterkontrolle, Nanotechnologie, Quantencomputer.

"Hyperraum", Argo Verlag, Marktoberdorf: Die Entdeckung eines makroskopischen Hyperraums für die interstellare Raumfahrt – wie Einstein es einst zu verhindern versuchte.

"Null Kelvin", Bohmeier Verlag: Am Absoluten Nullpunkt angelangt, entdecken wir im sog. Quantenvakuum das Unfassbare – die Wahrheit über Evolution, Raumzeit und Gottes Werk.

In einem letzten Artikel bewies er, dass es im Quantenvakuum bei 0 Grad Kelvin, 5 reelle Raumdimensionen gibt – d.h. er hatte einen makroskopischen „Hyperraum" lokalisiert und entdeckt (dagegen sind 11-dimensionale Strings nur winzig klein).

Die Werke des Dr. Calvet sind das Ergebnis einer speziellen Methodik – der sog. „Absoluten Logik" – eine Denkweise, die imstande ist, das grundlegendste der Dinge festzustellen. So entstand die Idee eines Hintergrundfeldes, das imstande ist, selbst die für Physiker unerklärliche Trägheit zu erklären; so wurden der Hyperraum und Quantentemperaturen im Quantenvakuum entdeckt – dort wo Physiker nur eine verwirrende Menge an virtuellen Teilchen vermuten, die augenblicklich entstehen und sich wieder gegenseitig zerstören.

Der Erfolg des Dr. Calvet liegt nicht in seiner Eigenart als spezialisierter Wissenschaftler, sondern viel eher an seinem Allgemeinwissen, das er beispielhaft kombiniert, so dass die Erkenntnisse aus einer Wissenschaft oder einem Bereich nicht zu fachspezifischen Einsichten, sondern zu generell gültigen Gesetzen werden. Nur so ist es möglich im Endeffekt zu verstehen, warum wir überhaupt existieren, was unser letztendliches Schicksal ist und ob es einen Schöpfer gibt oder nicht. Alle anderen Aspekte sind dagegen eher unbedeutend.

Die Mitteilung des Dr. Calvet an die Menschheit ist: „Wir sind nicht allein - wir haben die tatsächliche Natur der Dinge aber noch nicht völlig verstanden: Es gibt ganze Welten, von denen wir nicht einmal ahnen, dass sie existieren. Doch es gibt sie tatsächlich, und wir werden sie erforschen!

Veröffentlichungen: Siehe auch unter: http://www.terra.es/personal2/hyperspace/home.htm

Bücher

Carlos Calvet, "Raumfahrzeuge der Zukunft", Bohmeier Verlag, Lübeck (2000), 105 pp.
Carlos Calvet, "Geheimtechnologien", Bohmeier Verlag, Lübeck (2001), 105 pp. (im Druck)
Carlos Calvet, "Hyperraum", Argo Verlag, Marktoberdorf (2001), 110 pp. (im Druck)
Carlos Calvet, "Null Kelvin", Bohmeier Verlag, Lübeck (2002), 115 pp. (im Druck)

Artikel

Carlos Calvet, "The Background Field Theory", Journal of Theoretics, USA, Vol.1, No.5, Dec 1999/Jan 2000
Carlos Calvet, "Effects and Evidence of the "Background Field"", Extraterrestrial Physics Review - EPR, Japan, Vol.1, No.3, March 2000
Carlos Calvet, "Effects and Evidence of the "Background Field"", Journal of New Energy, USA, Vol. 4, no. 4, Spring 2000, p. 12-23
Carlos Calvet, "Detection and Origin of the Background Field", Journal of Theoretics, USA, Vol.2, No.4, Aug 2000
Carlos Calvet, "Hat Gott vergessen das Licht auszuschalten ?, Magazin 2000 Plus, no. 10, Sept./Oct. 2000, p.18-21
Carlos Calvet, "Evidence for the Existence of 5 Real Spatial Dimensions in Quantum Vacuum - Scale of Quantum Temperatures Below Zero Kelvin", Journal of Theoretics, USA, Vol.3, No.1, Feb. 2001

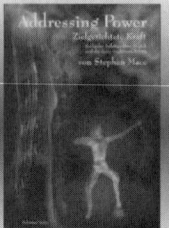

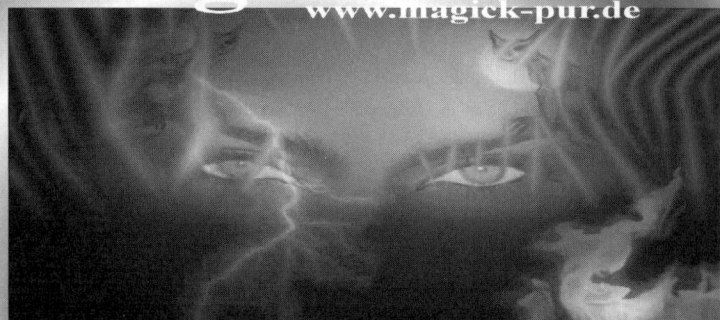